KB144734

화학 실험실의 안전

질의 응답과 사례로 배우는

화학 실험실의 안전

다무라 마사미쓰, 와카쿠라 마사히데, 구마사키 미에코 지음
오승호 옮김

BM 성안당

질의 응답과 사례로 배우는
화학 실험실의 안전

JIKKENSHITSU NO ANZEN KAGAKUHEN- Q&A TO JIKOREIDE NATTOKU!

by Masamitsu TAMURA, Masahide WAKAKURA, Mieko KUMASAKI

ⓒ Masamitsu TAMURA, Masahide WAKAKURA, Mieko KUMASAKI 2008, Printed in Japan

Korean translation copyright ⓒ 2019 by Sung An Dang, Inc.

First published in Japan by TECOM, Inc.

Korean translation rights arranged with TECOM, Inc.

through Imprima Korea Agency.

서문

화학약품 중에는 발화·폭발, 유해위험이나 환경오염의 잠재 위험성을 가진 것이 있다. 화학 실험 등에서 화학약품의 잠재 위험성에 관한 올바른 지식 없이 잘못 취급하면 잠재 위험성이 표면화되어 폭발 사고나 화재 사고, 유해성 물질에 의한 건강 장애, 환경오염 사고 등을 일으킨다. 따라서 화학 실험에서 이용하는 화학약품에 대해서는 폐기물을 포함해 잠재 위험성을 파악하고 안전하게 취급해야 한다.

또 화학 실험에서는 실험의 목적에 따라 여러 가지 실험기구와 실험장치를 이용한다. 각 실험기구나 실험장치에는 여러 가지 재료의 것이 있고 특성도 제각각이다. 따라서 기구나 장치별로 특성과 한계를 파악해 적절하게 취급해야 한다.

게다가 실험실에서는 여러 가지 전기기기를 이용한다. 이들 기기도 올바른 지식을 가지고 취급하지 않으면 감전사고나 발화사고 등을 일으킨다.

화학 실험 중에 일어난 사고 예는 이러한 잠재 위험을 여실히 드러낸다.

한편 화학 실험을 실시하기에 앞서 화학약품, 실험기구나 실험장치, 전기기기 등의 잠재 위험에 관한 올바른 지식을 갖고 제대로 취급해 안전에 만전을 기해야 하는 것은 당연하지만 만일의 화재나 폭발, 약품에 의한 건강 장애 등에 대비한 예방과 피해 확대 방지를 위한 대응을 미리 생각해야 한다.

또 지진이 많은 나라에서는 지진 시 화학 실험실의 사고 발생에 대비한 대책을 강구해 두는 일도 중요하다.

화학 실험의 안전에 대해 다룬 서적은 많이 있지만 대학이나 전문학교 학생, 대학원생이나 교수, 고등학교나 중학교, 초등학교 이과 선생님 전용의 실험이나 실험 지도를 위한 설명서나 학습용으로 화학 실험의 안전에 대해 알기 쉽게 해설한 서적은 없다.

이에 본서는 화학 실험을 안전하게 수행하는 데 있어 중요한 항복의 요점을 정리하고, 각 요점에 대해 Q&A 방식으로 알기 쉽게 해설하는 동시에 사고 사례를 통해 잠재 위험을 이해하도록 했다.

따라서 본서는 화학 실험을 안전하게 실시하는 데 있어 궁금한 내용에 대한 적절한 지식을 얻는 데 참고할 수가 있다. 또 안전한 화학 실험에 필요한 지식을 망라하고 있으므로 전체 내용을 한번 훑어보는 정도의 교과서로도 활용할 수 있다.

본서는 안전한 화학 실험을 위한 주요 항목을 장별로 정리했다.

우선 제1장에서는 실험에 임하는 초보자의 마음가짐에 대해 기재했다. 제2장, 제3장 및 제4장에서는 화학 실험에서 이용하는 화학약품, 가스 및 액화 가스의 잠재 위험성과 안전한 취급에 대해 다루었다. 제5장에서는 실험 종료 후 폐기물의 안전한 처리 방법을 설명했다. 제6장에서는 실험에 이용하는 실험기구·장치 및 조작의 안전에 대해, 제7장에서는 전기기기의 안전한 취급 방법에 대해 살펴본다. 또 제8장에서는 최근 들어 대두되고 있는 VDT 작업의 안전 그리고 제9장에서는 무인실험이나 무인운전의 안전에 대해 다루었다. 이와 함께 실험 시에 일어나는 사고에 대비해 제10장에서는 방화와 방폭에 대해, 제11장에서는 예방과 구급에 대해, 제12장에서는 지진 대책과 경계 선언에 대해 기재했다.

대학생 또는 대학원생이 실험에 임할 때 그리고 대학이나 전문학교 교수, 초·중·고등학교 이과 선생님이 실험을 지도할 때 학습 방향이나 의문점을 확인하는 데 유효하게 활용되어 화학 실험의 안전에 도움이 될 수 있다면 기대한 이상의 기쁨이 될 것이다. 마지막으로 본서가 출판되기까지 기획, 편집 등에 애쓰신 미미즈쿠샤/의학평론사의 편집부 여러분에게 진심으로 감사의 뜻을 전한다.

2008년 8월

다무라 마사미쓰(田村昌三)
와카쿠라 마사히데(若倉正英)
구마사키 미에코(熊崎美枝子)

편집자 · 집필자 일람

기시 타카히로(貴志孝洋)   주식회사 미쓰비시화학과학기술연구센터
*구마사키 미에코(熊崎美技子) 독립행정법인 노동안전위생총합연구소
시미즈 요시타다(淸水芳忠)   가나가와현 산업기술센터
스가노 야스히로(菅野康弘)   미쓰이화학주식회사
가쿠노 모토히코(角野元彦)   주식회사 미쓰비시화학과학기술연구센터
*다무라 마사미쓰(田村昌三)   동경대학 명예교수
                           요코하마국립대학 안심 · 안전 과학연구교육센터
쓰치야 시게루(土屋茂)   이요니뽄산소주식회사
야마나카 히로시(山中洋)   미쓰이화학주식회사
*와카쿠라 마사히데(若倉正英) 특정비영리활동법인 재해정보센터

(2008년 8월 현재, *는 편집자)

차 례

※ 본 도서는 일본어 번역서로 본문의 법과 사례 등은 국내 실정과 다를 수 있음을 알려드립니다.
자세한 내용은 국내법을 참조하기 바랍니다.

1장 초보자의 마음가짐

화학 실험을 안전하게 실시하기 위해서는 실험에 앞서 미리 생각해야 할 점이나 준비해야 할 것, 실험 중에 유의해야 할 점, 실험 종료 후에 해야 할 일을 올바르게 이해할 필요가 있다.

여기에서는 화학실험을 안전하게 실시하기 위한 초보자의 마음가짐에 대해 배운다.

1) 실험을 실시하기에 앞서
  ① 실험 목적의 명확화
  ② 약품의 위험성이나 안전 취급 관련 지식 습득 : 원료 시약, 반응 생성물 등 약품의 위험성
  ③ 실험장치나 실험기구의 올바른 선택과 올바른 조작 방법을 이해
  ④ 실험 환경의 정비 : 실험대의 정리 · 정돈 · 청소(예 : 유해가스 발생 우려; 제해 장치 달린 드래프트, 폭발 우려; 방폭 벽, 방폭 갓)
  ⑤ 긴급 시의 기자재와 피난 통로 확인 : 소화기, 세안기 · 샤워, 구급상자, 피난 통로
  ⑥ 약품의 회수와 폐기 방법 확인 : 실험 후 약품의 분별 회수와 적정 폐기

2) 실험 실시를 앞두고
  ① 적정한 복장 · 신발, 보호 안경, 방독 마스크 등의 착용
  ② 지도자의 지시 준수, 차분하게 실험에 집중, 혼자 하는 실험을 회피
  ③ 사고 발생 시의 적절한 대응

3) 실험을 마치고
실험장치나 기구의 뒤처리, 약품의 회수와 폐기, 실험대의 정리 · 정돈 · 청소

Question >> 1 실험에 앞서 확인해야 할 사항은?

⬇ *Answer*

화학 실험에서는 위험성이 있는 약품을 사용하며, 때로는 고온·고압 환경에서 위험한 조작이 수반되기도 한다. 이것이 화학 실험의 특징이다. 화학에 종사하는 사람이라면 정보를 수집해서 위험성을 숙지하고, 나아가 위험을 회피할 수 있는 안전 대책을 실험 전에 충분히 강구해 둬야 한다.

1. 실험에 관한 정보

실험을 시작하고 나서 당황하는 일이 없도록 사전에 실험 순서나 실험에 필요한 물질·장치·설비, 실시하는 반응·조작에 대해 확인하고 안전 대책을 검토한다.

실험에 이용하는 물질의 위험성

화학물질의 발화·폭발 위험성, 유해성, 화재 시의 소화 방법, 중독 시의 응급 조치 등과 관련해 문헌을 조사한다. 문헌에는 다음과 같은 종류가 있다.

① 학술 논문이나 서적
② 신뢰할 수 있는 인터넷 사이트의 위험성 정보·사고 사례
③ MSDS(물질안전보건자료)

출발 물질 외에 용매, 촉매, 최종 반응 생성물, 중간 생성물에 대해서도 조사한다.

반응·조작의 위험성

① 고온·고압 반응의 유무(반응 용기의 강도·종류를 결정하는 데 있어서 중요)
② 반응 종료까지의 시간(수십 분에 끝나는 반응인가? 하루 이상 걸리는 반응인가?)
③ 발열반응인가? 흡열반응인가?(발열이면 반응 폭주 가능성이 있다)

④ 부반응의 존재(주반응이 안전해도 부반응이나 부반응에 의한 생성물이 위험한 경우가 있다)

⑤ 화학물질의 증류 조작, 건조 조작, 분리 조작 등에 대한 안정성(화학물질의 분해 온도가 증류 온도·건조 온도보다 낮으면 폭발 가능성이 있다. 화학물질에 따라서는 분리 조작 중에 분해할 가능성이 있다)

2. 실험장치 · 기구
① 실험 중에 내용물은 누설되지 않는가?
② 안전 밸브, 방호 커버 등 적절한 안전장치가 구비되어 있는가?
③ 실험 책상 등에 제대로 고정되고 있는가?

3. 실험설비
실험 내용에 따른 필요한 설비를 확인한다.
① 스프링클러 등의 소화설비
② 드래프트 챔버(유독가스가 발생하는 실험에서 특히 필요)
③ 방폭 벽(폭발 위험성이 있는 실험에서 특히 필요)

4. 긴급 시 대응
만일의 사고에 대비하여 초기 대응이나 피난 방법 등을 확인해 둔다.
① 비상구의 위치
② 소화기의 위치·종류·취급 방법
③ 구급 상자, 세면대, 샤워 시설 위치·취급 방법
④ 긴급 연락처 및 인근 작업실에서 작업하고 있는 사람에게 연락을 취하는 방법

5. 폐기 처리
실험에 의해 생기는 유해한 화학물질은 환경오염의 원인이 되지 않게 사전에 폐기 방법을 확인해 둔다.

사고 예

기기 철거 시의 안전 : 병원에서 핵자기 공명 스펙트럼 분석장치를 철거하는 작업 과정에서 기기 안의 액체 헬륨을 빼내던 중 헬륨이 급격하게 기화해 용기가 파열, 병원 직원 6명이 중경상을 입었다. 기기에 내장되어 있는 물질이나 기계 부품의 위험성을 예측해야 했다.

Question >> 2 실험 중 유의해야 할 점은?

↓ Answer

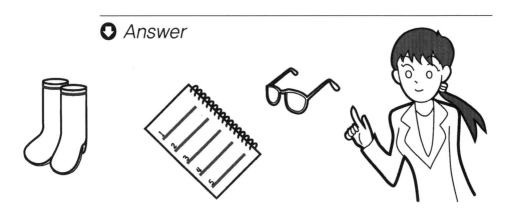

　　자료를 충분히 수집하고 준비를 마쳤다면 실험을 시작하는 단계가 된다. 막상 화학실험이 시작되면 자신의 페이스대로 차분히 시간을 들여 조작하는 실험만 있는 것은 아니다. 시시각각 변하는 반응 상황에 맞추어 실험장치를 조작해 타이밍을 재고 시료를 혼합해야 하는 일도 있다. 뜻대로 되지 않아 초조할 수도 있다. 그렇다고 당황하면 자칫 사고로 이어진다. 차분하고 이성적으로 실험에 임하려면 실험을 시작하기 전 최종 확인과 실험에 대한 마음가짐이 중요하다.

1. 실험 조작 개시 전 최종 확인

실험 순서 확인, 실험에 사용되는 장치·기구·시약 준비

　　막상 실험에서 사용하려고 하니 부족한 일이 없도록 실험에서 사용할 적정한 분량의 기구·시약을 준비한다. 또한 장치에 이상은 없는지, 곧바로 사용할 수 있는지 확인한다.

보호구의 사용

　　복장은 실험자의 신체를 보호해준다. 보호 안경은 실험 중 반드시 착용하도록 습관화한다.

　　① 보호 안경, 보호 장갑
　　② 안전화(샌들은 다리를 보호하지 못하기 때문에 신지 않는다)
　　③ 신체에 맞는 실험복(헐렁한 복장은 회전체에 말려 들어갈 수 있다)
　　④ 긴 머리카락은 정리한다.

실험대 정리정돈

실험과는 상관없는 장치·기구가 실험대에 놓여 있으면 작업 중에 넘어뜨려 정리하는 데 시간이 걸리거나, 실험에 사용할 장치와 부딪히는 일이 자주 있다. 실험을 시작하기 전에 실험대 위를 정리정돈하고, 실험 중에도 불필요한 것은 올려두지 않도록 유의한다.

2. 실험 중에 유의할 것

진지한 태도로 실험에 임한다

불성실한 태도는 실험의 실패뿐 아니라 사고로도 이어진다. 실험 중에는 실험에 집중해 반응을 잘 관찰하고 모든 변화를 노트에 메모하는 자세로 임해야 한다. 또한 지도자의 지시에 따른다. 지도자의 조언은 안전을 강조하는 내용이 많다.

무리한 실험을 피한다

몸 상태가 좋지 않을 때는 주의력이 산만해져 사고를 유발할 수 있으므로 위험하다. 충분한 휴식을 취하고 몸이 회복되기를 기다렸다가 실험을 실시한다. 또 시간에 여유를 두고 실시한다. 시간이 충분하지 않으면 실험의 진행을 서두르기 때문에 초조해져 순서나 조작 실수가 늘어나 실험이 실패로 끝나기도 한다. 경우에 따라서는 사고로도 연결되기 때문에 실험은 충분히 시간을 확보할 수 있는 날을 골라 침착하게 실시한다.

의사를 명확히 전달한다

팀을 짜서 실험을 할 때는 서로의 실험 내용이나 상황을 파악해 실험이 순조롭게 진행될 수 있도록 한다. 또한 공유해야 할 장치나 기구가 있는 경우에는 사용 시간대를 다른 이용자에게 알려 실험이 원만하게 진행될 수 있도록 한다.

혼자서 실험을 실시하지 않는다

혼자서 실험을 하다가 만에 하나 사고가 일어나면 제대로 대응할 수 없다. 실험자가 실험 도중에 넘어져도 도와줄 사람이 없다. 화학실험에서는 위험한 조작이나 약품을 취급하는 일이 많기 때문에 만일을 생각해 실험실에 여러 사람이 있을 때 실시하도록 한다.

사고 예

① 실험 중에 황산이 들어간 용기를 장난으로 마시는 시늉을 하다가 황산이 안면에 묻어 부상을 입었다.

② 보호 안경을 착용하지 않고 톨루엔을 나누다가 톨루엔이 눈에 들어가 곧바로 세정했지만 시력이 저하했다.

Question >> 3 실험 종료 후 해야 할 일은?

⬇ *Answer*

계획했던 모든 절차가 끝나 필요한 데이터와 목적한 생성물을 얻었다고 해도 뒷정리까지 제대로 끝내지 않으면 실험을 마쳤다고 할 수 없다. 이것은 실험자로서의 매너이기도 하지만, 뒤에 실험을 할 사람(본인인 경우도 포함)의 안전을 위해서도 중요하다. 실험한 사람이 원래의 정상적인 상태로 되돌려 놓지 않으면, 뒤이어 실험을 하는 사람이 실험 준비를 하는 시간이 오래 걸리고 경우에 따라서는 예기치 않은 위험성이 숨어 있기도 한다.

1. 뒷정리

가스·수도의 마개를 막는다

기구를 깨끗이 세정한다

기구에 부착된 화학물질의 성분을 제일 잘 알고 있는 것은 실험을 마친 사람이다. 부착한 오염이 녹을 만한 용제를 사용해 충분히 오염을 제거한다(사용한 용제는 폐기물로 처리한다). 오염이 부착된 기구가 다른 실험에 이용되어 의도치 않은 위험한 화학반응이 일어나는 예도 많다. 특히 공용 기구를 사용하는 경우에는 이후에 사용하는 사람의 안전을 위해서라도 실험도구나 용기를 깨끗하게 세정해야 한다.

실험장치의 적절한 셧다운

가동 중인 장치는 적절한 순서에 따라 제 위치에 놓도록 한다. 스타트 위치에 정지시켜 놓지 않으면 다음에 사용하는 사람이 예상치 못한 위치에서부터 장치가 움직이기 시작해 위험에 처할 수 있다.

폐기물의 적절한 폐기

정해진 방법에 따라 폐기한다. 실험에서 나온 폐기물을 용기에 담아 처리하는 경우에는 폐기물에 포함된 성분을 기록해 둔다. 기록을 하는 이유는 처리업자에게 전달하여 폐기물을 처리하는 사람이 적절하게 처리할 수 있도록 하기 위해서이다.

약품의 보관

독극물의 경우에는 사용 전후의 무게를 재어 사용량을 관리 대장에 기록해 부정사용을 파악할 수 있도록 한다. 약품은 다음과 같은 조치를 한 약품 선반이나 보관 창고에 수납한다.

① 유출·누설 방지
② 혼촉 방지
③ 약품병의 전도 방지·낙하 방지
④ 약품 창고의 전도 방지
⑤ 약품 창고의 잠금
⑥ (약품에 따라서는) 냉장 보존

2. 기타

소모품의 주문·보충

물품에 따라서는 주문부터 수중에 넣기까지 몇 개월 걸리는 경우가 있다. 실험 중에 소모품이 얼마 남지 않은 것을 알게 되면 바로 보충 절차를 밟는다.

고장난 기기의 수리

실험 중에 고장난 기기나 사용상 불편한 기기는 수리를 한다.

사고 예

한 대학에서, 겨울 방학 기간에 연구실과 실험실의 전원을 차단하면서 잘못해서 냉장고의 전원도 차단한 탓에 보관 중이던 자기 반응성 물질이 분해했다.

가슴 속에 대나무가 있다

대나무 그림을 그리기에 앞서 마음속에 완성도를 그리고 나서 붓을 드는 것을 말한다. 즉, 모든 일을 시작할 때는 미리 완성된 모습을 예상하는 것을 말한다.

시작이 중요

어떤 일이든 처음에 임하는 태도나 방법이 이후의 방향을 결정하므로 모든 일을 시작할 때는 신중을 기해야 한다.

화학 실험을 시작하기 전에 미리 실험 계획을 세우고 적절한 환경에서 신중하게 실험에 임하는 것이 중요하다.

2장 약품의 위험성과 안전한 취급

    화학 실험에 이용하는 약품은 발화·폭발 위험성, 유해 위험성, 환경 오염성 등의 잠재 위험을 가진 것이 있어, 잘못 취급하면 발화·폭발 사고, 건강 장애나 환경오염을 일으킨다. 위험 약품을 다루는 경우에는 법규제를 지키는 것은 당연하지만, 각 위험성을 충분히 이해하고 안전한 방법으로 취급 및 보관해야 한다.

    여기에서는 약품의 잠재 위험, 위험 약품에 관계된 법규제, 위험 약품의 잠재 위험과 안전한 취급 및 위험 약품의 안전한 보관에 관하여 배운다.

  1) 약품의 잠재 위험

    발화·폭발 위험성, 유해 위험성, 환경 오염성

  2) 위험 약품에 관계된 법규제(※ 일본의 경우)

    ① 소방법 위험물

    ② 노동안전위생법 위험물

    ③ 화약류단속법에 의한 화약류

    ④ 고압가스보안법에 의한 고압가스

    ⑤ 화심법 특정화학 물질 및 지정 화학물질

    ⑥ 독물·극물 단속법에 의한 독물·극물

    ⑦ 방사선장해방지법에 의한 방사성 물질

    ⑧ 기타

  3) 위험 약품의 잠재 위험과 안전한 취급

    ① 발화·폭발성 물질 : 폭발성 물질, 발화성 물질(자연 발화성 물질 금수성 물질), 인화성·가연성 물질, 산화성 물질, 혼촉 위험물질

    ② 유해성 물실 : 유해물질 독물·극물, 발암 물질, 부식성 물질, 바이오 해서드, 기타

  4) 위험 약품의 안전한 보관

Question >> 4 약품의 위험성

⬇ Answer

약품에는 잠재 위험을 가진 것이 있어 위험성을 인식하고 취급해야 한다. 약품에 의한 잠재 위험성에는 크게 다음 2가지가 있다.

① 화재나 폭발을 일으키는 발화 · 폭발 위험성

② 중독이나 직업병 등을 일으키는 유해 위험성 · 생리적 위험성

일본화학회에서는 물질의 위험성 분류, 종류 · 정도, 대표적인 물질을 오른쪽 페이지의 표와 같이 분류하고 있다.

표의 내용을 토대로 화학물질의 잠재적 위험성을 이해하고, 위험에 노출되지 않도록 실험 순서 · 실험 조작을 생각한다. 예를 들면 다음과 같다.

① 입이 넓은 용기에 들어간 인화성 액체를 나화(裸火)로 가열한다.

② 폭발성 물질의 결정을 약숟가락으로 세세하게 나눈다.

③ 금수성 물질을 물이 들어간 세정병 곁에 둔다.

④ 인화성 액체는 증발하기 쉽고 증기가 공기와 혼합한 혼합 기체에 불이 가까워지면 연소한다.

⑤ 폭발성 물질은 충격에 민감해 폭발한다.

⑥ 금수성 물질은 물과 접촉하면 발화할 가능성이 있다.

①~③의 조작은 약품의 위험성(④~⑥)을 미리 알고 있으면 피할 수 있다.

화학물질의 위험성 분류

위험성	위험의 종류 및 정도	대표적 물질
발화성	물과 접촉하면 발화하는 것 또는 공기 중의 발화점 40℃ 미만인 것	황린, 트리에틸알루미늄, 디보란 등
인화성	가연성 가스 또는 인화점 30℃ 미만인 것	수소, 메탄가스, 벤젠, 톨루엔, 가솔린 등
가연성	인화점 30℃ 이상 100℃ 미만인 것, 다만 인화점 100℃ 이상에서도 발화점이 비교적 낮은 것	에틸렌글리콜, 니트로벤젠, 빙초산 등
폭발성	중량 5kg의 낙추를 이용, 낙고 1m 미만에서 분해, 폭발하는 것 또는 가열에 의해 분해, 폭발하는 것	과염소산암모늄, 트리니트로톨루엔, 피크린산 등
산화성	가열, 압축 또는 강산, 알칼리 등을 첨가하면 강한 산화성을 나타내는 것	질산칼륨, 염소산칼륨 등
금수성	흡습 또는 물과 접촉하면 발열 또는 발화하는 것 또는 위험 유해가스를 발생하는 것.	나트륨, 탄화칼슘, 삼염화인 등
강산성	무기 또는 유기의 강산류	황산, 질산, 클로로초산 등
부식성	인체에 접촉했을 때 피부나 점막을 강하게 자극하거나 또는 손상하는 것	암모니아, 크레졸 등
유독성	허용 농도(흡입) 50ppm 미만 또는 50mg/m³ 미만인 것, 또는 경구 치사량 30mg 미만인 것	시안화칼륨, 아비산나트륨, 니코틴 등
유해성	허용 농도(흡입) 50ppm 이상 200ppm 미만 또는 50mg/m³ 이상 200mg/m³ 미만인 것. 또는 경구 치사량 30mg 이상 300mg 미만인 것	트리클로로에틸렌, 브롬화카드뮴, 산화납 등
방사성	원자핵 붕괴에 따라 전리방사선을 방출하는 핵종을 포함하는 것. 다만, 그 비방사능이 천연 칼륨의 비방사능 이하의 것을 제외한다	불화우라늄, 산화토륨 등

약품의 법령에 의한 규제

⬇ *Answer*

농업단속법
독극물 및 극물 단속법
노동안전위생법
수질오탁방지법
식품위생법

    화학물질 중에는 위험성이 있는 것이 많기 때문에 화학물질을 안전하게 저장·보관·사용·폐기하여 화학물질에 의한 환경 파괴를 막을 목적으로 여러 가지 법으로 규제하고 있다. 법령에 의한 규제는 크게 다음 2가지로 나눌 수 있다.

  ① 주로 화학물질의 유해성을 관리해 안전하게 취급하게 하는 것을 목적으로 하는 것

  ② 주로 화학물질에 의한 환경 오염을 방지하는 것

    화학물질에 관련된 주요 법률과 개요를 아래의 표에 나타냈다.

일본의 화학물질 관련 주요 법률(( ) 안은 제정 연도)

주로 화학물질의 유해성을 관리해 안전하게 취급하는 것을 목적으로 하는 것	
식품위생법 (1947년)	식품의 안전성을 확보하기 위해 필요한 사항을 규제한다. 유해한 물질을 포함한 식품, 부착한 식품을 판매 등을 한 경우 벌에 처한다.
농약단속법 (1948년)	농약의 안전한 사용을 위해서 농약 등록제도에 따라 판매·사용을 규제한다. 농약 제조자·수입자는 약효, 약해, 독성·잔류성, 인화성·폭발성 등을 신청해 검사를 받아야 한다.
소방법 (1948년)	화재의 예방, 진압에 의해 국민의 생명·재산을 지킨다. 지진 등의 재해에 의한 피해 경감도 포함된다. 지정된 성질을 가진 위험물의 저장·취급을 규제하고 있다.
독물 및 극물 단속법 (1950년)	독물·극물에 대해 필요한 단속을 실시한다. 의약품 및 의약부외품은 약사법에 따라 규제된다.
노동안전위생법 (1972년)	노동 재해를 방지하기 위해 필요한 대책을 강구한다. 노동자의 건강에 유해한 물질은 제조나 취급을 규제하고 있다.

화학물질의 심사 및 제조 등의 규제에 관한 법률(1973년)	난분해성 화학물질에 의한 건강 피해·환경오염을 방지하기 위해 신규 및 화학물질을 제조·수입할 때는 성질과 상태의 심사를 규정, 성질과 상태에 대응한 규제를 실시한다. 또한 사람의 건강을 해칠 우려가 있거나 동식물의 생육에 지장을 미칠 우려가 있는 제1종·제2종 특정 화학물질로 지정된 물질을 규제한다. 통칭 화심법.

주로 화학물질에 의한 환경오염의 방지를 목적으로 하는 것	
하수도법 (1958년)	하수도의 정비, 도시의 발달 및 공중위생의 향상, 공공 용수 수역의 수질 보전을 목적으로 한다. 하수에 배출하는 수질이 규제되고 있다.
대기오염방지법 (1968년)	대기오염으로부터 국민의 건강을 보호하고 건강상 피해가 생겼을 경우의 손해배상 책임을 정한다. 연기, 휘발성 유기 화합물, 유해 대기오염물질, 분진, 자동차 배기가스가 구체적으로 규제 대상으로 정해져 있다.
수질오탁방지법 (1970년)	공장이나 사업소로부터 지하수나 공공 용수의 수질오탁을 방지하고, 오수나 폐액에 의한 건강 피해가 생겼을 경우의 손해배상 책임을 정한다.
폐기물의 처리 및 청소에 관한 벌률(폐기물처리법) (1970년)	폐기물의 배출 억제, 적절한 분별·보관·수집·운반·재생·처리에 관한 법률. 규제 대상으로는 일반 폐기물·산업 폐기물·특별 관리 일반 폐기물(일반 폐기물 중 폭발성, 독성, 감염성 등 위해를 미치는 것)·특별 관리 산업 폐기물(산업 폐기물 중 폭발성, 독성, 감염성 등 위해를 미치는 것)이 있다.
특정 화학물질의 환경 배출량 파악 등 및 관리 개선 촉진에 관한 법률 (1999년)	사업자가 화학물질의 환경 배출량을 파악해 물질에 관한 정보를 관계자가 이용하는 것을 목적으로 한다. 이른바 PRTR법이라고 하며 지정된 화학물질을 취급하는 사업자는 물질의 성질과 상태나 취급 정보를 기록한 물질안전보건자료(MSDS)를 제공해야 한다.
다이옥신류 대책 특별조치법(1999년)	다이옥신류에 의한 환경오염의 방지를 목적으로 한다. 배출 가스·배출 수 등에 포함되는 다이옥신류의 배출 기준 등이 정해져 있다.
토양오염대책법 (2002년)	토양오염에 의한 건강 피해의 방지를 목적으로 한다. 특정 유해물질을 취급한 시설의 토지 소유자 등은 토양오염을 조사하지 않으면 안 되고, 특정 유해물질로 오염되었을 경우에는 오염 제거 등의 필요한 조치를 취하지 않으면 안 된다.

Question >> 6 소방법 위험물

Answer

소방법에서는 화재를 일으키는 위험한 고체·액체 물질을 성질과 상태에 따라 6가지로 분류하고 있다. 또한 각 분류에 대응한 성질과 상태를 가진 물질명이나 물질의 총칭을 '위험물'이라고 정의하고 있다. 소방법으로 정해진 위험물을 다음 페이지의 표에 정리했다.

1. 소방법에서의 고체·액체·기체
소방법에서 규정한 위험물은 고체 또는 액체이다. 각각 다음과 같이 정의되고 있다.
① 기체 : 1기압, 20℃에서 기체 상태인 것
② 액체 : 1기압, 20℃에서 액체 상태인 것. 혹은 20~40℃ 사이에서 액상이 되는 것
③ 고체 : 상기 이외의 것

2. 판정 시험
일부의 위험물은 「제1류 제1종 산화성 고체」와 같이 성질과 상태 판정 시험에 의해 보다 상세하게 분류된다. 시험 방법이나 판정 기준은 위험물의 규제에 관한 정령·위험물의 시험 및 성질과 상태에 관한 성령에 자세하게 기재되어 있다.

3. 지정 수량

위험물에는 위험도에 따라 각각 지정 수량이 정해져 있다.

① 지정 수량 이상의 위험물은 허가를 받은 제조소, 저장소, 취급소에서만 취급할 수가 있다.

② 지정 수량 미만의 위험물 보관과 취급은 각 지방자치단체에서 정해진 화재 예방 조례의 대상이 된다.

소방법 위험물

제1류 : 산화성 고체
1. 염소산염류 2. 과염소산염류
3. 무기과산화물 4. 아염소산염류
5. 브롬산염류 6. 질산염류
7. 요오드산염류 8. 과망간산염류
9. 중크롬산염류
10. 기타의 것으로 정령으로 정하는 것
11. 앞의 각 호에 게재한 어느 하나 이상을 함유하는 것

제2류 : 가연성 고체
1. 황화린 2. 적린
3. 유황 4. 철분
5 금속분 6. 마그네슘
7. 기타의 것으로 정령으로 정하는 것
8. 앞이 각 호에 게재한 어느 하나 이상을 함유하는 것
9. 인화성 고체

제3류 : 자연 발화성 물질 및 금수성 물질
1. 칼륨 2. 나트륨
3. 알킬알루미늄 4. 알킬리튬
5. 황린
6. 알칼리 금속(칼륨 및 나트륨은 제외한다) 및 알칼리토류 금속
7. 유기 금속 화합물(알킬알루미늄 및 알킬리튬은 제외한다)
8. 금속의 수소화물

9. 금속의 인화물
10. 칼슘 또는 알루미늄 탄화물
11. 그 외의 것으로 정령으로 정하는 것
12. 앞의 각 호에 게재한 어느 하나 이상을 함유하는 것

제4류 : 인화성 액체
1. 특수 인화물 2. 제1석유류
3. 알코올류 4. 제2석유류
5. 제3석유류 6. 제4석유류
7. 동식물유류

제5류 : 자기 반응성 물질
1. 유기과산화물 2. 질산에스테르류
3. 니트로화합물 4. 니트로소화합물
5. 아조화합물 6. 디아조화합물
7. 히드라진유도체
8. 히드록실아민 9. 히드록실아민염류
10. 기타의 것으로 정령으로 정하는 것
11. 앞의 각 호에 게재한 어느 하나 이상을 함유하는 것

제6류 : 산화성 액체
1. 과염소산 2. 과산화수소
3. 질산
4. 기타의 것으로 정령으로 정하는 것
5. 앞의 각 호에 게재한 어느 하나 이상을 함유하는 것

노동안전위생법 위험물

Answer

노동안전위생법은 직장에서 근무하는 노동자의 안전과 건강을 확보하는 것을 목적으로 한 법률이다. 노동안전위생법 시행령으로 정해진 위험물을 제조·취급하는 경우, 사업자는 그 일에 종사하는 노동자의 노동 재해를 방지하기 위한 대책을 강구하지 않으면 안 된다. 노동안전위생법 시행령으로 정해진 위험물을 표에 정리했다

노동안전위생법에서는 위험물 외에도 화학물질에 의한 위험이나 건강 장애를 방지하기 위해 아래와 같은 물질을 규제 대상으로 정해 놓고 있다.

① 제조 금지 물질(근로자에게 중증의 건강 장애를 일으키기 때문에 시험·연구를 제외하고 제조·수입·양도·제공·사용해서는 안 되는 물질)

② 제조 허가 물질(근로자에게 중증의 건강 장애를 일으키기 때문에 제조하는 경우에는 후생노동대신의 사전 허가를 받아야 하는 물질. 특정 화학물질의 제1류 물질이 해당한다)

③ 명칭 등을 표시해야 할 위험물 및 유해물(근로자에게 건강 장애를 일으킬 우려가 있기 때문에 용기에 넣거나 또는 포장하고, 양도·제공하는 사람은 그 용기 또는 포장에 「명칭」, 「성분 및 함유량」, 「인체에 미치는 작용」, 「저장 또는 취급상의 주의」 등을 표시해야 하는 물질)

④ 통지 대상 물질(양도·제공하는 상대방에게 「명칭」, 「성분 및 함유량」, 「물리적 및 화학적 성질」, 「인체에 미치는 작용」, 「저장 또는 취급상의 주의」, 「유출 그 외의 사고가 발생했을 경우에 대해 강구하는 응급 조치」 등을 통지해야 하는 물질)

⑤ 특정 화학물질(취급하는 설비나 작업 방법이 규제되는 물질)

안전위생법 시행령에서 정해진 위험물

1. 폭발성 물질

1. 니트로글리콜, 니트로글리세린, 니트로셀룰로오스 기타 폭발성 질산에스테르류
2. 트리니트로벤젠, TNT(화약), 피크린산 기타의 폭발성 니트로화합물
3. 과초산, 메틸에틸케톤 과산화물, 과산화벤조일 기타 유기 과산화물
4. 아지화나트륨 기타 금속의 아지화물

2. 발화성 물질

1. 금속 「리튬」
2. 금속 「칼륨」
3. 금속 「나트륨」
4. 황린
5. 황화린
6. 적린
7. 셀룰로이드류
8. 탄화칼슘(별명 카바이드)
9. 인화석회
10. 마그네슘분
11. 알루미늄분
12. 마그네슘분 및 알루미늄분 이외의 금속분
13. 아이티온산나트륨(별명 하이드로설파이트)

3. 산화성 물질

1. 염소산칼륨, 염소산나트륨. 염소산암모늄 기타 염소산염류
2. 과염소산칼륨, 과염소산나트륨, 과염소산암모늄 기타 과염소산염류
3. 과산화칼륨, 과산화나트륨, 과산화바륨 기타 무기과산화물
4. 질산칼륨, 초산나트륨, 질산암모늄 기타 질산염류
5. 아염소산나트륨 기타 아염소산염류
6. 차아염소산칼슘 기타 차아염소산염류

4. 인화성 물질

1. 에틸에테르, 가솔린, 아세트알데히드, 산화프로필렌, 이황화탄소 기타 인화점이 영하 30° 미만인 물질
2. 노말헥산, 에틸렌옥사이드, 아세톤, 벤젠, 메틸에틸케톤, 기타 인화점이 영하 30° 이상 영도 미만인 물질
3. 메탄올, 에탄올, 크실렌, 노말-아세트산(별명 노말아밀아세트산), 기타 인화점이 영도 이상 30° 미만인 물건
4. 등유, 경유, 테레빈유, 이소펜틸알코올(별명 이소아밀알코올), 초산 기타 인화점이 30° 이상 65° 미만의 물질
5. 가연성 가스(수소, 아세틸렌, 에틸렌, 메탄, 에탄, 프로판, 부탄 기타 온도 15도. 1기압에서 기체인 가연성의 물질을 말한다)

● Answer

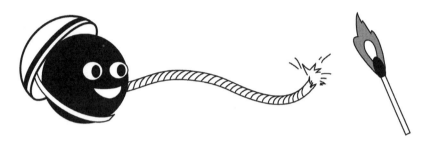

화약류단속법에서는 표에서 거론한 물질을 화약류라고 정의하고 있다. 화약류단속법에서 「~주(主)로 하는 화약」이라고 표기하는데, 이것은 성분량이 과반수를 넘는다는 의미가 아니라 폭발·연소를 일으키는 주된 성분을 의미한다.

1. 화약류의 주요 성분
예감제로는
① 질산에스테르
② 니트로화합물
산화제로는
① 질산염
② 과염소산염
③ 염소산염 등

2. 화약류의 종류
화약

폭연(노킹, 폭발적인 연소)을 이용해서 주로 로켓 등의 추진에 이용하는 추진약이나 포탄의 발사에 이용하는 발사약 등이 해당한다. 일부 폭파약도 포함된다.

폭약

폭굉(반응이 초음속으로 전해지며, 충격파를 형성하는 연소의 차이는 Question13 참조)을 이용해서 파괴적인 폭발을 일으키는 물질. 발파에 이용하는 폭파약, 작약 등이 있다.

화공품

화약 또는 폭약을 이용해 가공한 것. 불꽃 등이 해당한다.

화약류단속법에 따르는 화약류

화약
가. 흑색 화약 기타 질산염을 주로 하는 화약
나. 무연 화약 기타 질산에스테르를 주로 하는 화약
다. 기타 또는 가.의 화약과 동등하게 추진적 폭발 용도에 이용되는 화약이며 경제산업성령으로 정하는 것

폭약
가. 천둥, 아지화납 기타 기폭제
나. 초안 폭약, 염소산칼리 폭약, 칼릿 기타 질산염, 염소산염 또는 과염소산염을 주로 하는 폭약
다. 니트로글리세린, 니트로글리콜 및 폭발의 용도에 이용되는 기타 질산에스테르
라. 다이나마이트 기타 질산에스테르를 주로 하는 폭약
마. 폭발 용도에 이용되는 트리니트로벤젠. TNT(화약), 피크린산, 트리니트로클로로벤젠, 테트릴, 트리니트로아니솔, 헥사니트로디페닐아민, 트리메틸렌트리니트로아민, 니트로기를 3 이상 포함한 기타 니트로 화합물 및 이들을 주로 하는 폭약
바. 액체 산소 폭약 그 외의 액체 폭약
사. 기타 가.부터 바.까지의 폭약과 동등하게 파괴적 폭발 용도에 이용되는 폭약이며 경제산업성령으로 정하는 것

화공품
가. 공업 뇌관, 전기 뇌관, 소총용 뇌관 및 신호 뇌관
나. 실탄 및 공포
다. 신관 및 화관
라. 도폭선, 도화선 및 전기도화선
마. 신호 불꽃관 및 불화살
바. 불꽃 기타 앞의 2호에 든 화약 또는 폭약을 사용한 화공품(경제산업성령으로 정하는 것을 제외한다)

● *Answer*

　고압가스는 본질적으로 파열·팽창의 위험성이 있기 때문에 충분한 주의를 기울여 취급해야 한다. 고압가스보안법에서는 고압가스를 다음에 해당하는 것이라고 정의하고 있다.

① 사용 온도 혹은 현 시점에서 압력이 1MPa 이상인 압축가스 또는 35℃에서 압력이 1MPa 이상인 압축가스(압축 아세틸렌가스는 제외한다)

② 사용 온도 혹은 현 시점에서 압력이 0.2MPa 이상인 압축 아세틸렌가스 또는 15℃에서 압력이 0.2MPa 이상인 압축 아세틸렌가스

③ 사용 온도 혹은 현 시점에서 압력이 0.2MPa 이상인 액화가스 또는 압력이 0.2MPa가 되는 경우의 온도가 35℃ 이하인 액화가스

④ 상기 외에 35℃에서 압력 0Pa를 넘는 액화가스 가운데 액화 시안화수소, 액화 브롬메틸 또는 그 외의 액화가스이며, 정령으로 정하는 것(고압가스안전관리법 시행령에서 액화 산화에틸렌이 정해져 있다).

　특히 특정 고압가스로 지정된 7종류의 가스는 소량 취급할 때에도 신고가 필요하고 규정량 이상 저장·소비하려면 신고를 해야 한다. 또한 콤비나트(combinat) 등 보안 규칙이나 일반 고압가스 보안 규칙에 의해 가스가 정의·규제되고 있다. 이 내용을 표로 정리했다.

규제 대상 가스

특정 고압가스

모노실란	포스핀	아르신	디보란
셀렌화수소	모노저메인	디실란	압축 수소
압축천연가스	액화산소	액화 암모니아	액화염소
액화 석유가스(일반 소비자가 소비하는 것을 제외한다)			

특수 고압가스

아르신	디실란	디보란	셀렌화수소
포스핀	모노저메인	모노실란	

가연성 가스

아크릴로니트릴	아크로레인	아세틸렌	아세트알데히드
아르신	암모니아	일산화탄소	에탄
에틸아민	에틸벤젠	에틸렌	염화에틸
염화비닐	클로로메틸	산화에틸렌	산화프로필렌
시안화수소	시클로프로판	디실란	디보란
디메틸아민	수소	셀렌화수소	트리메틸아민
이황화탄소	부타디엔	부탄	부틸렌
프로판	프로필렌	브롬메틸	벤젠
포스핀	메탄	모노저메인	모노실란
모노메틸아민	메틸에테르	황화수소	

기타 가스로 다음의 1 또는 2에 해당하는 것
1. 폭발 한계(공기와 혼합했을 경우의 폭발 한계를 말한다. 이하 같다)의 하한이 10퍼센트 이하인 것
2. 폭발 한계의 상한과 하한의 차이가 20퍼센트 이상인 것

독성 가스

아크릴로니트릴	아크로레인	아황산가스	아르신
암모니아	일산화탄소	염소	크롤메틸
클로로프렌	5불화비소	5불화인	산화에틸렌
3불화질소	3불화붕소	3불화인	시안화수소
디에틸아민	디실란	4불화황	4불화규소
디보란	셀렌화수소	트리메틸아민	이황화탄소
불소	브롬메틸	벤젠	포스겐
포스핀	모노저메인	모노실란	모노메틸아민

황화수소 및 기타 가스이며 상한량이 1백만 분의 2백 이하인 것

불활성 가스

헬륨	네온	아르곤	크립톤
크세논	라돈	질소	이산화탄소
탄화불소(가연성의 것을 제외한다)			

특수 재료 가스(반도체 재료 가스)는 주로 반도체 산업에서 원재료로 이용되는 가스이다. 반응성이 높아 위험하며 다음의 가스가 특수 재료 가스로 꼽힌다.

특수 재료 가스

분류	명칭	특성			허용 농도
실란계	모노실란(SiH_4)	가연성	독성		5ppm
	디실란(Si_2H_6)	가연성	독성		5ppm
	디클로실란(SiH_2Cl_2)	가연성	독성	부식성	5ppm
	3염화실란($SiHCl_3$)	가연성	독성	부식성	
	4염화규소($SiCl_4$)	독성	부식성		
	4불화규소(SiF_4)	독성	부식성		2.5mg/m³
비소계	아르신(AsH_3)	가연성	독성		0.005ppm
	3불화비소(AsF_3)	독성			0.01mg/m³
	5불화비소(AsF_5)	독성			0.01mg/m³
	3염화비소($AsCl_3$)	독성			0.01mg/m³
	5염화비소($AsCl_5$)	독성			0.01mg/m³

분류	물질	특성			허용 농도
인계	포스핀(PH₃)	가연성	독성		0.3ppm
	3불화인(PF₃)	독성	부식성		2.5mg/m³
	5불화인(PF₅)	독성	부식성		2.5mg/m³
	3염화인(PCl₃)	독성			0.2ppm
	5염화인(PCl₅)	독성			0.1ppm
	옥시염화인(POCl₃)	독성			0.1ppm
붕소계	디보란(B₂H₆)	가연성	독성		0.1ppm
	3불화붕소(BF₃)	독성	부식성		0.3ppm
	3염화붕소(BCl₃)	독성	부식성		0.1 ppm
	3브롬화붕소(BBr₃)	독성	부식성		1ppm[1]
금속수소화물	셀렌화수소(H₂Se)	가연성	독성		0.05ppm
	모노게르만(GeH₄)	가연성	독성		0.2ppm
	텔루르화수소(H₂Te)	가연성	독성		
	스티빈(SbH₃)	가연성	독성		0.1 ppm
	수소화주석(SnH₄)				
할로겐화물	3불화질소(NF₃)	지연성	독성		10ppm
	4불화황(SF₄)	독성			0.1ppm
	6불화텅스텐(WF₆)	독성	부식성		2.5mg/m³
	6불화몰리브덴(MoF₆)	독성	부식성		0.5mg/m³
	4염화게르마늄(GeCl₄)	독성	부식성		
	4염화주석(SnCl₄)	독성	부식성		2mg/m³
	5염화안티몬(SbCl₅)	독성	부식성		0.5mg/m³
	6염화텅스텐(WCl₆)	부식성			
	5염화몰리브덴(MoCl₅)	독성	부식성		0.5mg/m³
금속알킬화물	트리메틸갈륨(Ga(CH₃)₃)	가연성	부식성		
	트리에틸갈륨(Ga(C₂H₅)₃)	가연성	부식성		
	트리메틸인듐(In(CH₃)₃)	가연성	독성	부식성	2.0mg/m³
	트리에틸인듐(In(C₂H₅)₃)	가연성	독성	부식성	2.0mg/m³

허용 농도 : 미국산업위생의학회(ACGIH)의 TLV-TWA
1) TLV-CEILING 값

　이중에서 모노실란, 디실란, 아르신, 포스핀, 디보란, 셀렌화수소, 모노저메인의 7종류는 특수 고압가스로 분류되며 소량이라도 사용할 때는 고압가스 소비 신고를 해야 한다.

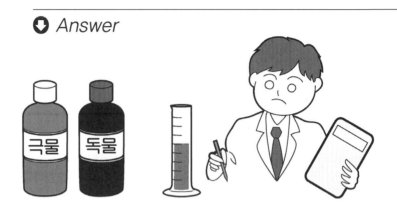 Answer

어떤 종류의 화학물질은 독성이 강하여 인체에 심각한 영향을 준다. 그러한 물질은 독물 · 극물로 규정하여 사용을 규제하고 있다. 독물 및 극물 단속법에는 구체적으로 독물 · 극물이 거론되어 있다. 그 밖에 특정 독물이 지정되어 있다. 그 외, 독물 및 극물 지정령에서도 독물 · 극물 · 특정 독물이 지정되어 있다.

1. 독물 · 극물의 판정 기준

독물 및 극물의 판정은 동물 실험 결과와 사람을 대상으로 한 식견 또는 그 외의 식견에 근거해 물성이나 화학제품이 갖는 특질 등을 기준으로 정해진다.

동물 실험에 의한 판정 기준은 다음과 같다.

독물 · 극물의 판정 기준(급성 독성)

경구	독물	$LD_{50} \leqq 50mg/kg$
	극물	$50mg/kg < LD_{50} \leqq 300mg/kg$
경피	독물	$LD_{50} \leqq 200mg/kg$
	극물	$200mg/kg < LD_{50} \leqq 1,000mg/kg$
흡입	독물	$LC_{50} \leqq 500ppm(4hr)$
(가스)	극물	$500ppm(4hr) < LC_{50} \leqq 2,500ppm(4hr)$
흡입	독물	$LC_{50} \leqq 2.0mg/L(4hr)$
(증기)	극물	$2.0mg/L(4hr) < LC_{50} \leqq 10mg/L(4hr)$
흡입	독물	$LC_{50} \leqq 0.5mg/L(4hr)$
(더스트 · 미스트)	극물	$0.5mg/L(4hr) < LC_{50} \leqq 1.0mg/L(4hr)$

2. 독물 · 극물 취급상의 규제

독물 및 극물 단속법에서는 독물 · 극물에 대해 여러 가지 취급상의 규제를 마련하고 있다.

금지 규정

다음의 항목이 금지되고 있다.

① 등록을 하지 않고 판매 · 수여 목적으로 독물 · 극물을 제조 · 수입한다.

② 등록을 하지 않고 판매 · 수여 목적으로 저장 · 운반 · 진열한다.

독물 극물 취급 책임자

독물 또는 극물을 직접 취급하는 제조소 · 영업소 · 점포에는 독물 극물 취급 책임자를 두고 위해의 방지에 임하도록 해야 한다.

특정 독물

독성이 강해 특수한 분야에서 사용되는 물질은 「특정 독물」로 지정되어 있어 허가가 없으면 제조 · 수입 · 사용 · 양도 · 소지를 금지하고 있다. 연구 목적으로 사용하는 경우에는 「특정 독물 연구자」 자격으로 도도부현 지사의 허가를 받아야 한다.

용기 표시 의무

독물 · 극물은 용기에 「의약용 외」라는 문자와 함께 「독물」 혹은 「극물」이라고 표시해야 한다. 명칭, 성분이나 함량, (정령으로 정해졌을 경우에는) 해독제 등을 표시해 도난이나 분실, 누설 등의 사고 방지를 위한 조치를 하도록 의무화되어 있다. 유출됐을 우려가 있는 경우에는 보건소나 경찰서, 소방서에 신고하는 동시에 응급조치를 강구해야 한다.

사고 예

① 의약품 원료를 합성하는 개발 실험에서 남성 연구자가 여성 호르몬 활성을 갖는 물질에 노출됐다.

② 여름철에 외출했다가 분석 실험실로 돌아온 작업자가 비커 내의 수산화나트륨 수용액을 물인 줄 알고 마셔 사망했다.

③ 폴리아크릴로니트릴 소각 실험에서 열분해에 의해 다량의 시안화수소가 생성되어 노내에서 분출했다. 실험자는 즉시 옥외로 피신해 무사했다.

④ 중학교에서 염화나트륨 전기분해 실험 중 발생한 염소가 누설되어 학생 몇 명이 중독됐다.

🔽 *Answer*

　방사성 물질이란 방사선을 배출하는 물질이다. 자연계에 존재하는 것 외에 인공적으로 만들어내는 것도 포함된다. 방사선 에너지는 인체에 큰 위해를 가할 뿐 아니라 물질에 따라서는 방사능(방사선을 내보내 안정적인 상태로 변화하는 성질)이 사라질 때까지 오랜 시간이 걸린다는 점에서 취급에는 주의가 필요하다.

1. 방사선
　방사성 물질의 원자핵은 불안정하여 안정적인 원자핵 상태로 변화하는 과정에서 에너지가 큰 방사선을 방출한다. 주요 방사선에는 다음과 같은 것이 있다.
　① α선(양자 2개와 중성자 2개로 구성된다. 헬륨 원자핵과 같다)
　② β선(양전자 혹은 음전자)
　③ γ선(전자파)

2. 방사능의 강도
　방사성 물질의 원자핵이 방사선을 내보내 변화하는 빈도(방사능의 세기)는 변화 전의 원자핵의 개수에 비례한다. 따라서 같은 종류의 원자핵이면 양이 많을수록 방사능이 강해진다. 또, 원자 수가 반이 될 때까지의 시간을 반감기라고 해 원칙적으로 원자핵의 종류에 따른 고유의 값이다.
　🔴 예 ^{25}Al 7.18초　　　^{40}K 12억 8,000만 년　　　^{235}U 7억 년

3. 방사성 물질이 인체에 미치는 영향

방사선에 따라서는 높은 투과력이 있기 때문에 의복 등을 관통해 인체에 영향을 준다. 영향이 나타나는 모습은 방사능의 노출 상황에 따라 다양하다.

① 방사능 노출량에 따른 차이 : 방사능에 노출된 양에 비례해 나타나는 영향과 피폭량이 역치를 넘으면 발현하는 영향
② 영향의 차이 : 염색체 이상이나 돌연변이 발생률의 상승 같은 유전적 영향과 기관이나 조직의 이상이나 손상 발생 같은 신체적 영향(장기에 따라서도 방사선에 대한 감수성이 다르다)
③ 잠복 기간의 차이 : 잠복 기간이 짧은 급성 영향과 긴 만성 영향

4. 방사성 물질의 안전한 취급

모니터링

방사선의 발생은 오관(五官)으로 감지할 수 없다. 방사선의 발생량이나 방사능 노출량을 적절한 방법으로 모니터링한다.

① 작업 중에는 항상 필름 패치 등을 붙여 피폭 상황을 확인할 수 있도록 한다.
② 방사선을 사용하는 기기는 적절하게 방사선 누설을 체크한다.

피폭의 저감

① 방사성 물질과 실험자 사이에 적절한 차폐물을 두고 작업한다. α선은 종이, β선은 알루미늄판, γ선은 두꺼운 연판으로 차폐할 수 있다.
② 방사성 물질로부터 멀리 떨어져 작업을 실시한다. 방사선의 양은 발생 지점으로부터 거리의 제곱의 역수에 비례한다.
③ 방사성 물질을 몸 안에 흡수하지 않도록 주의를 기울인다. 작업 중에 음식물이나 물을 섭취하는 것은 엄금이다.
④ 방사성 물질을 사용하지 않고 실험기구를 실전대로 사용해 순서를 익히는 리허설(콜드 런)을 실시하고 나서 실험(핫 런)을 실시한다.

사고 예

① 쿠발트 60이 선원인 γ선을 수지와 산소를 넣은 스테인리스 용기에 조사했더니, γ선으로 인해 용기 내의 산소와 수지가 반응해 폭발했다.
② 미량의 방사선이 누설되어 방호용 장갑에 구멍이 나 있었기 때문에 작업자가 피폭됐다.

Question >> 13 약품의 발화 · 폭발 위험성

🔻 *Answer*

　화학물질 중에는 외부로부터 열이나 충격 등의 에너지가 가해지거나 다른 화학물질과 혼합되었을 경우 조건에 따라서는 발화 · 폭발을 일으켜 큰 에너지를 발생하는 물질이 있다. 이러한 에너지를 잠재적으로 가진 것을 발화 · 폭발성 물질이라고 한다. 이들 물질이 용기로부터 누설되거나 잘못 다루었을 때에는 잠재되어 있던 위험이 표면화해 발화, 폭발에 이를 가능성이 있기 때문에 매우 위험하다. 따라서 화학물질이 잠재적으로 가지고 있는 에너지를 파악해 적절히 취급해야 한다.

1. 발화와 폭발

　일반적으로 발화란 외부의 자극(에너지)에 의해 물질이 발화하거나 자발적으로 연소를 일으키는 현상이다. 폭발이란 압력의 급격한 상승에 의해 폭발음이나 파괴 작용을 수반한 용기의 파열이나 기체의 급격한 팽창이 일어나는 현상이며 2종류가 있다.

　① 물리적인 폭발(파열 현상)

　② 화학적인 폭발

　①은 압축된 가스가 들어가 있는 용기의 가스 팽창에 의한 폭발 등이다. 물질이 관여하는 폭발의 상당수는 ②의 화학반응을 수반하는 화학적 폭발이며, 이 현상은 폭굉과 폭연, 축열에 의해 반응이 가속되어 발화에 이르는 열 폭발로 나뉜다.

2. 화학적 폭발의 분류

폭굉

폭발 시 화학반응의 전파 속도가 음속을 넘기 때문에 충격파를 수반해 큰 파괴 작용을 가진 폭발 현상이다.

폭연

충격파를 수반하지 않고, 폭발에 의한 기체의 팽창에 근거하는 추진적인 작용만 하는 폭발 현상이다. 폭발성 물질이 폭굉 또는 폭연의 어느 쪽을 일으키느냐는 물질의 종류나 상태, 양 등에 따라 달라진다.

열 폭발

어떤 환경하(온도하)에서 물질의 분해반응에 의한 발열 속도가 계외로 방출되는 방열(냉각) 속도를 웃돌면 열이 방출되지 않고 내부에 머물러(축열) 온도가 상승한다. 온도가 상승하면 한층 더 발열 속도가 빨라져 최종적으로 발화에 이르는 현상이다.

3. 발화 · 폭발성 물질의 분류

발화 · 폭발성 물질은 대략적으로 그 위험성에 관한 특성의 차이에 따라 폭발성 물질, 발화성 물질, 인화성 · 가연성 물질, 산화성 물질, 혼촉 위험 물질로 분류된다.

4. 발화 · 폭발 위험성 물질의 안전한 취급

발화 · 폭발이 발생했을 경우에는 구조물만 파괴되는 것이 아니라 인적 피해도 예상되어 주위에 큰 영향을 미친다. 따라서 이러한 위험성이 있는 물질을 취급하는 경우에는 물질의 위험성에 대응한 취급 방법이나 취급량에 관한 정보가 필요하다. 여러 위험성에 대해 충분히 검토한 다음 안전하게 취급하는 것이 중요하다.

사고 예

화학 실험 중에 잘못해서 이산화망간에 과산화수소를 넣었기 때문에 폭발했다.

⭗ *Answer*

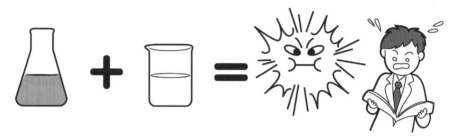

폭발성 물질이란 화학반응에 의해 주위에 큰 영향을 주는 에너지를 발생하는 물질 혹은 그러한 혼합물을 말한다. 단독으로 폭발성을 나타내는 물질과 2종류 이상의 물질이 반응해 폭발성을 나타내는 폭발성 혼합물이 있다.

1. 폭발성 물질의 발화 · 폭발 요인

에너지

폭발성 물질은 열, 화염이나 고온 물체에 의한 열에너지, 타격이나 마찰 같은 기계에너지, 정전기 등의 전기에너지, 다른 물질의 폭발에 의한 충격에너지 등의 에너지가 가해지면 조건에 따라서는 발화, 폭발을 일으킨다.

화학 구조

폭발성 물질의 구조 중에는 폭발성 원자단(니트로기 등)이라고 불리는 구조를 띤 것이 있다. 취급하려는 물질의 분자 구조 안에 폭발성 원자단이 존재하고 있을 때는 폭발성 물질일 가능성을 고려해 취급하는 것이 중요하다.

2. 폭발성 물질의 평가

폭발성 물질을 안전하게 취급하기 위해서는 각각의 물질이 잠재적으로 가지고 있는 위험성을 충분히 파악해 각각의 위험성에 대응한 대책을 강구해야 한다. 잠재 위험성을 나타내는 데는 다음의 요인이 있다.

① 감도(발화 · 폭발이 쉽게 일어남)
② 위력(발화 · 폭발의 효과)

이러한 사항들을 사전에 문헌 등의 자료를 통해 조사하거나 측정해서 위험성을 평가하고 일어날 수 있는 최대의 위험성을 예측해서 안전 대책을 세운다.

3. 폭발성 물질의 안전한 취급

폭발성 화합물이라는 사실을 알고 있는 경우나 추정되는 경우는 아래의 사항에 주의해야 한다.

① 다량으로 취급하지 않는다. 폭발이 생겼을 때에 피해를 최소화하기 위해 취급량을 필요 최소한의 양으로 한다.

② 열적 자극, 기계적 자극, 충격 등을 가하지 않는다. 외부 자극(에너지)에 의해 폭발할 가능성이 있다.

③ 발열반응의 경우, 제어 불능에 의한 폭주(暴走) 가능성에 주의한다. 온도가 상승했을 경우에 제열이 불가능하면 한층 더 온도가 상승해 폭발에 이를 가능성이 있기 때문에 발열하지 않는 온도 내에서 취급한다.

④ 금속 스패튤라나 유리 마개를 사용하지 않는다. 금속제의 경우에는 기계적인 자극을 줄 가능성이 있어 나무, 대나무, 플라스틱제를 이용하는 것이 바람직하다. 또한 유리 마개는 마찰부에 부착하면 마찰에 의해 폭발할 가능성이 있다. 고무나 코르크 등 마찰이 적은 마개를 사용하는 것이 바람직하다.

사고 예

① 생성된 질산은의 재결정 조작에서 메탄올을 추가하고, 가열하면서 메탄올을 더 떨어뜨리며 스패튤라로 혼합하자 격렬하게 폭발했다. 함질소 유기 은화합물을 다루는 과정에서 많은 사고가 발생하고 있다.

② 증발기(evaporator)에서 유기 아지드 화합물을 분리 조작하는 도중에 폭발이 일어났다. 사전에 소량의 동일한 시료를 이용하여 분리 조작의 안전성을 확인했지만, 시료의 양이 많아졌기 때문에 폭발적으로 분해했다. 산화성 물질이나 자기 반응성 물질은 취급량이 증가하면 발열량에 대해 상대적으로 방열 속도가 저하해서 분해나 발화가 쉽게 일어난다.

Question >> 15 자연 발화성 물질과 안전한 취급

⬇ Answer

자연 발화성 물질이란 공기 중에 노출되었을 경우에 외부로부터의 가열이나 열원 없이 공기 중 산소와 반응해 비교적 단시간에 발화하거나, 혹은 반응으로 발생한 열이 내부에 축적되어 온도가 상승해 결국 발화를 일으키는(자기 발열성) 물질을 말한다.

일반적으로 발화성 물질은 자연 발화성 물질과 금수성 물질을 합한 물질이라고 하며, 여기서는 자연 발화성 물질에 대해 언급한다.

1. 자연 발화성 물질의 위험성

자연 발화성 물질은 공기 중에 노출되면 즉시 발열반응을 일으켜 발화해 화재에 이를 가능성이 있다. 이유는 이들 물질은 공기(산소)와의 반응성이 매우 높기 때문이다. 유기 합성 반응에 대해 촉매로 이용되는 유기금속화합물류 중에는 공기와 접촉하면 쉽게 발화하는 것이 있으므로 이러한 물질이 반응 조작이나 폐기 조작 중에 공기에 접해 발화할 위험성이 있다.

2. 대표적인 자연 발화성 물질과 용도

자연 발화성 물질

알킬알루미늄 등의 유기금속화합물, 금속알콕시드, 3염화티탄, 황린, 금속수소화물 및 특수 재료 가스 등

알킬알루미늄 등의 유기금속화합물류는 반응 촉매로 많이 사용되고 있다.

3. 자연 발화성 물질의 안전한 취급

자연 발화성 물질을 안전하게 취급 또는 보관하려면 다음의 사항에 주의해야 한다.

① 공기와 직접 접촉시키지 않도록 한다. 알킬알루미늄과 같이 불활성 분위기(질소 등)에서 저장해 두거나, 황린과 같이 물속에 저장하는 등 물질에 맞는 적절한 수단을 취해야 한다.

② 저장할 때는 다른 물질(특히 가연성 물질)과 격리한다. 발화했을 때에 다른 물질로 불길이 번질 가능성이 있다.

③ 반응에 이용할 때는 계외로 새지 않게 한다. 계외로 누설되면 공기와 접촉할 가능성이 있다.

④ 피부 등에 닿으면 화상을 일으키므로 신체에 접촉하지 않도록 보호 도구를 착용한다. 피부에 부착되면 발열반응을 일으키기 때문에 피부에 직접 노출되지 않도록 해야 한다.

사고 예

공기와 접촉하는 것을 막기 위해 물을 채운 유리 용기에 황린을 보관했지만 물이 동결해 용기가 깨져 물이 유출했기 때문에 황린이 공기와 접촉해 자연 발화했다.

Question >> 16 자기 발열성 물질과 안전한 취급

⬇ *Answer*

자기 발열성 물질이란 자연 발화성 물질의 일종으로, 특히 외부로부터 인화성 물질(火源) 등의 자극(에너지)이 없어도 물질이 환경 분위기(일정 온도)에서 자기 발열하고 그 열이 물질 내부에 축열되어 온도가 상승해 발화에 이르는 물질을 말한다. 협의의 자연 발화성 물질과의 차이는 단시간에 발화에 이르는 물질인가, 아니면 천천히 축열해서 발화에 이르는 물질인가에 따라 나눌 수 있다.

1. 자기 발열 물질의 위험성

물질이 자기 발열에 의해 발화에 이르는 것은 물질이 놓인 조건하에서 반응을 일으켜 발열하기 때문이다. 예상되는 반응은 산화반응, 분해, 흡착, 발효, 중합 등이 있고, 이러한 반응에 의해 발생하는 열이 자연 발화의 원인이 된다. 반응에 의한 발열이 계외에 방출되면(제열된다) 온도는 상승하지 않고 발화에는 이르지 않지만 방열되지 않고 계내에 머물렀을 경우(축열했을 경우) 내부의 온도가 상승해 마침내 물질의 발화에 이른다.

단시간에 발화에 이르는 협의의 자연 발화성 물질과 달리 최종적인 발화에 이르기까지 장시간이 걸린다. 따라서 초기에는 온도의 상승이나 외관의 변화가 거의 없어 변화를 알아차리지 못할 가능성이 있다. 그리고 변화가 적으므로 그대로 방치해 일정 시간 후에 급격한 변화에 이르는 일이 있다.

2. 대표적인 자기 발열성 물질

니트로셀룰로오스 등의 질산에스테르류, 유지류, 마른 풀, 초산비닐 모노머 등의 모노머

3. 자연 발화성 물질의 안전한 취급

① 발생한 열의 방산을 방해하는 대량 저장이나 밀폐 장소에 저장하는 것을 피한다. 대량 저장할 경우 쉽게 축열되므로 제열이 충분히 행해지도록 작게 구분해 저장한다.

② 저장하는 장소의 분위기 온도를 높게 하지 않는다. 온도가 높으면 반응이 가속된다. 최대한 낮은 온도로 저장해 반응을 일으키지 않게 한다.

③ 산화 방지제, 안정제, 중합 방지제 등을 첨가하여 반응을 억제한다. 반응의 촉진을 막는 물질을 첨가해 물질을 안정화시킨다.

사고 예

① 튀김의 튀김 찌꺼기를 폐기하기 위해서 폴리에틸렌 양동이에 넣어 두었는데 산화 반응열이 축적되어 수 시간 후에 자연 발화했다.

② 불포화 유지를 함유한 휴지가 공기 산화에 의해 발열해 발화에 이르렀다.

③ 중합 금지제 없이 모노머를 장시간 보존하고 있었는데 중합열 때문에 모노머가 기화해 내압이 상승하여 분출, 발화·폭발에 이르렀다.

④ 쌀겨로부터 불포화유를 추출하는 실험을 실시했다. 쌀겨를 짜고 남은 찌꺼기를 폴리에틸렌 양동이에 버렸는데 실험의 여열과 불포화 유지가 남아 있어 산화 반응열이 축적되어 자연 발화했다.

⊙ *Answer*

금수성 물질이란 공기 중의 습기를 흡수했을 때 또는 수분에 접촉했을 때 발화 또는
발열을 일으키는 위험성이 있는 물질을 말한다. 더 세분하면 수분과 접촉하면 발열반응
을 일으키지만 가연성 가스를 발생하지 않는 것과 발열반응을 일으켜 가연성 가스를 발
생하는 것이 있다. 전자는 주위에 가연물이 없으면 발화에는 이르지 않지만, 후자는 발
생한 가연성 가스가 공기 중에서 열에 의해 발화할 가능성이 있다.

1. 금수성 물질

수분과 접촉하여 발열반응을 일으키는 물질

수분과 접촉하면 발열반응을 일으켜 온도가 상승한다. 단독으로는 물질 자체의 온도
상승만으로 발화하지 않는다. 다만 가연물이 함께 존재하면 가연물의 온도를 상승시켜
발화에 이를 가능성이 있다.

대표적인 물질 : 산화칼슘, 산화나트륨 등

수분과 접촉해 반응하여 가연성 가스를 발생하는 물질

수분과 접촉해 반응하면 가연성 가스(수소, 탄화수소, 인화수소 등)를 발생해 공기 중
에서 발화할 가능성이 있다.

대표적인 물질 : 알칼리 금속(칼륨, 나트륨 등), 알칼리토류 금속(칼슘 등), 금속 수소

화물(수소화나트륨 등), 금속 인화물, 탄화칼슘, 탄화알루미늄 등

2. 금수성 물질의 안전한 취급

금수성 물질을 취급하려면 다음과 같은 주의가 필요하다.

① 수분과의 접촉을 피한다. 취급 및 저장 시에는 안전을 위해 직접 물에 접촉시키지 않아야 한다. 저장할 때는 공기 중의 수분과 접촉하는 것을 고려해 나트륨과 같이 석유 중에서 보관하는 등의 방법이 필요하다.

② 가연성 물질과는 혼재하지 않는다. 가연성 물질의 발화원이 될 가능성이 있다. 또 금수성 물질은 소화 시에 물을 사용할 수 없기 때문에 혼재되어 있으면 소화가 매우 어렵다.

③ 대량으로 저장하지 않는다. 소화가 곤란하기 때문에 저장하려면 작게 구분하는 것이 바람직하다.

④ 사용 시에는 소화를 위한 건조모래를 준비한다. 화재가 발생했을 때에는 소화에 물을 사용할 수 없기 때문에 다량의 건조모래를 이용한 질식소화를 권장한다.

⑤ 폐기 시에는 무해화 처리를 한다. 그 상태로 폐기하면 타 물질에 포함된 물과 접촉해 발화할 위험성이 있다. 따라서 물과의 반응성을 없애고 나서 폐기할 필요가 있다.

⑥ 금수성 물질 중에는 자연 발화성이 있는 물질이 있다. 이러한 물질은 자연 발화성 물질을 취급할 때와 같은 주의가 필요하다.

사고 예

금속 나트륨을 창고에 보관하던 중에 빗물이 침수해 발화를 일으킨 예가 보고되고 있다. 그 외에 다음의 예가 전형적이다.

① 실험에 사용하기 위해 금속 나트륨을 나이프로 잘라냈다. 미량의 금속 나트륨이 부착한 나이프를 종이 타월로 닦아 종이용 쓰레기 상자에 버렸다. 쓰레기 상자가 물에 젖어 있었기 때문에 미량의 금속 나트륨이 발화해 쓰레기 상자가 탔다.

② 약간 큰 나트륨 덩어리를 무심코 떨어뜨려 흘려보냈기 때문에 물과 반응해 수소가 발생하여 큰 소리를 내며 폭발했다.

Question >> 18 인화성 · 가연성 물질과 안전한 취급

⬇ *Answer*

인화성 물질, 가연성 물질은 모두 공기 중에서 화기 등의 에너지가 주어지면 발화해 연소한다.

1. 가연성 물질과 인화성 물질

가연성 물질

가연성 물질이란 공기 중에서 화기 등의 에너지가 주어지면 쉽게 발화해 화염을 일으켜 연소반응을 일으키는 물질을 말한다. 가연성 물질은 물질의 형태에 따라 고체, 액체, 가스로 분류되고 각각 가연성 고체, 가연성 액체, 가연성 가스라고 한다.

인화성 물질

고체나 액체의 가연성 물질에는 승화나 증발에 의해 발생한 가스가 공기와 혼합해 발화에 필요한 에너지를 주면 쉽게 발화하는 것이 있다. 가스, 증기를 발생시키는 물질을 가연성 물질 중에서도 특별히 구별해 인화성 물질이라고 한다. 인화성 물질은 인화할 때의 온도(인화점)가 실온 혹은 상온 이하인 물질을 가리키는 것이 많다.

2. 인화성 · 가연성 물질의 분류와 대표적인 물질

가스 및 증기

상온에서 기체인 가연성 가스, 분해 폭발성 가스 및 가연성 증기를 말한다.

여기서 가연성 증기란 인화성 물질로부터 발생하는 증기를 가리키며 인화할 때의 온도가 상온 이하인 물질이다. 이러한 물질은 지연성 가스 중에서 어느 농도 범위에 있을 때 발화하면 가스 폭발을 일으킨다.

대표적인 물질 : 수소, 메탄, 아세틸렌, 암모니아, 프로판 등

액체

액체로부터 발생한 증기가 기상에서 연소를 일으킨다. 액체 표면상의 공간에 다량의 증기가 존재해 공기와 혼합해 발화하면 가스 폭발을 일으킨다. 인화성 액체는 온도가 상승하면 증발량이 커지기 때문에 용이하게 인화한다.

대표적인 물질 : 가솔린, 에탄올, 벤젠, 아세톤 등

고체, 분체

가연성 고체는 보통은 고체 표면 부근에서 연소가 일어난다. 화염의 열에 의해 고체가 승화, 열분해해 가연성 가스가 발생하고 공기와 혼합해 연소가 계속된다.

대표적인 물질 : 목재나 플라스틱, 마그네슘, 철분 등

3. 인화성 · 가연성 물질의 안전한 취급

화학 실험에서는 용제 등의 인화성 · 가연성 물질을 빈번하게 취급하기 때문에 화재의 위험성을 항상 생각해 두는 것이 필요하다. 이러한 물질을 안전하게 취급하기 위해서는 다음의 주의가 필요하다.

① 가연성 증기가 발생하는 경우는 환기를 시켜 증기 농도를 상승시키지 않는다.

② 가연성 증기나 가스의 방출이 예상되는 공간에는 가스 검지기를 설치하고, 증기 · 가스 농도가 상승했을 경우에는 경보를 울려 긴급 대책을 세우도록 한다.

③ 발화를 방지하기 위해 화기 등의 발화원이 발생하지 않게 관리한다.

사고 예

① 화학 실험에서 아세톤이 들어간 비커 옆에서 분젠 버너를 사용했기 때문에 아세톤 증기에 인화했다.

② 메탄올 용매의 반응액을 증류하던 중 갑자기 격렬하게 끓어올라 반응액이 분출해 실험대 위에서 화재가 났다.

③ 미야기현 앞바다에서 일어난 지진(1978년 6월 12일)으로 인해 대학의 화학 실험동에서 화재가 발생했다. 실험대 위에 방치되어 있던 인화성 액체 유리병이 낙하, 마루에 누설되어 발화했다.

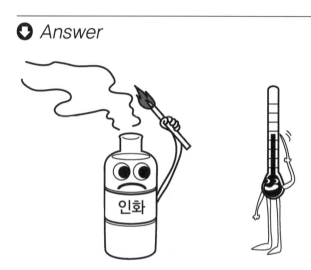

🔽 *Answer*

　인화성 액체나 승화 혹은 열분해에 의해 가연성 가스가 나오고 있는 고체의 표면에 불을 갖다 댔을 때 시료가 불길을 내면서 불타기 시작하는 현상을 인화라고 한다. 이것은 시료의 표면에 존재하는 가연성 가스와 공기가 혼합해 연소를 일으키는 농도가 되어 있는 것에 의해 일어나는 현상이다.

　저온에서는 발생하는 가연성 가스의 농도가 희박하기 때문에 인화하지 않는 물질이라도 온도가 높아지면 가연성 가스의 농도가 상승해 이윽고 어떤 온도에서 가연성 가스의 농도가 한계를 넘어 인화한다. 인화가 일어나는 온도를 인화점이라고 한다. 즉, 액체의 표면 근방에서 연소(인화)하기에 충분한 증기를 발생하는 최저 온도를 그 물질의 인화점이라고 한다.

1. 인화의 범위

　인화가 일어나는 범위에서 온도를 상승시켜도 가연성 가스가 고여 용이하게 가스 농도가 진해지는 경우에는 한층 더 온도를 상승시키면 가연성 가스의 농도가 일정 값을 넘어 다시 인화하지 않게 된다. 이것은 가연성 가스 농도가 너무 높아져 연소할 수 없기 때문이다. 이 연소의 한계를 상한계라고 하고 이것에 대응하는 온도를 상부 인화점이라고 한다. 상부 인화점과 구별할 필요가 있는 경우에는 앞의 가연 하한계(가연성 가스의 농도가 희박하여 겨우 인화하는 순간)에 대응하는 인화점을 하부 인화점이라고 한다.

2. 인화점의 측정

인화점은 도화선에 의해 시료에 인화하는 온도이기 때문에 시료를 가열하면서 시료 표면에 도화선을 접근시켜 인화의 유무를 판정할 수 있는 장치로 측정한다. 인화점은 시료 용기의 형태나 가열 속도, 도화선이나 용기 크기 등의 측정 조건에 따라 다르다.

인화점 측정용 시험기에는 밀폐식 시험기와 개방식 시험기가 있지만, 개방된 용기에는 전술한 상부 인화점은 존재하지 않는 것처럼 측정 방법이 밀폐식인가 개방식인가의 차이가 인화점에 크게 영향을 준다.

소방법에서는 인화점이 80℃를 넘는지 아닌지, 또한 시료의 점성에 따라 측정 시험기를 선정하도록 규정하고 있다. 인화점이 80℃ 이하인 경우에는 밀폐식 시험기가 이용되고 점성이 낮은 액체에 대해서는 태그 밀폐식 인화점 시험기를, 점성이 높은 액체에 대해서는 세타 밀폐식 인화점 시험기가 이용된다. 한편, 인화점이 80℃ 이상인 시료는 클리블랜드 개방식 인화점 시험기로 측정하게 되어 있다.

3. 인화점을 이용한 물질의 평가

인화점은 물질, 특히 액체의 발화 용이성을 알기 위한 척도로 널리 이용되고 있다. 전술한 것처럼 인화점 시험기에는 밀폐식과 개방식이 있지만 일반적으로 밀폐식으로 얻어진 값이 개방식 시험기로 얻어진 값보다 낮기 때문에 안전성 평가를 실시하는 경우에는 밀폐식으로 얻어진 인화점이 채용된다. 물질의 위험성을 평가하는 방법은 많이 있지만 인화점에 의한 가연성 액체의 분류 방법이 가장 잘 확립되어 있다. 소방법의 제4류는 인화성 액체라고 규정되고 위험성의 분류는 이 인화점을 이용해 제1석유류부터 제4석유류로 분류된다. 인화점이 낮은 시료일수록 쉽게 인화하고, 또 대다수의 경우는 격렬하게 불타기 때문에 위험성이 크다.

● *Answer*

　발화점이란 화염, 전기 불꽃 등의 발화원 없이 물질을 공기 중 또는 산소 중에서 가열했을 경우에 발화 또는 폭발을 일으키는 최저 온도이다. 인화점과는 발화원이 필요한지 아닌지의 차이가 있다.

1. 발화 기구

　열용량이 큰 고체나 액체가 발화하는 경우 표면 근방에서 열분해나 기화가 일어나 기상에서 발화하는 기구와, 고체나 액체의 내부에서 축열이 일어나 고체나 액체가 발화하는 기구의 2가지가 있다. 목재, 합성수지, 종이나 튀김유 등이 발화하는 것은 전자의 기구이며, 니트로셀룰로오스 베이스(base)의 영화 필름이나 셀룰로이드 쓰레기 등이 발화하는 것은 후자의 기구이다. 기체의 발화는 온도가 상승함에 따라 화학반응이 가속해 발열이 열손실(방열)을 웃돌아 반응이 가속되어 일어난다.

2. 발화점 측정

　발화점은 고체, 액체, 기체에 대해 각각 측정 방법이 정해져 있다. 고체의 경우는 시료를 연속적으로 가열하고, 도중에 발화했을 때의 온도를 발화점으로 하는 온도상승시험과 일정 온도로 유지한 용기나 평판에 가연성 고체를 접촉시켜 발화시키는 정온시험 2가지 방법이 이용되고 있다. 액체의 경우는 일반적으로 미국시험재료협회(ASTM)가 규정하는 발화점 측정장치가 이용되고 있다. 이 측정장치는 고체 측정법의 일정한 온도 시험과 같은 방식이며 일정 온도로 조절된 가열로에 설치된 플라스크에 시료를 투입했을 경우에 자연 발화하는지 어떤지를 관찰하고 자연 발화하는 최저 온도를 측정하는 것이다. 기체의 경우는 단열 압축법, 유동법, 봄베법, 충격파관에 의한 법 등 몇 가지 방법이 이용되고 있다.

3. 발화점 취급

발화점은 가열 방법, 시료량, 시료가 놓인 환경과 시간 등에 따라 크게 변화하기 때문에 측정장치가 다르면 발화점의 측정값도 달라진다. 또, 동일한 시험장치라도 시료량에 따라 결과가 다를 가능성이 있기 때문에 시료의 투입량을 다양하게 변화시켜 가장 발화점이 낮은 값을 측정할 필요가 있다. 그러나 정해진 방법으로 얻은 발화점은 재현성이 좋은 값을 얻을 수 있는 경우도 많으므로 그 시료의 발화 용이성을 추정하는 상대적인 척도가 된다. 따라서 측정 방법이나 측정 조건을 일정하게 한 다음 측정한 것이 아니라면 서로 비교하더라도 의미가 없다. 다만 발화점은 여러 가지 인자에 영향을 받으며 물성값이 아니라는 점을 인식해 두는 것이 안전상 중요하다.

4. 발화점을 이용한 물질 평가

화재나 폭발에 관련한 안전 차원에서 물질이 가열되었을 경우에 어느 정도의 온도에서 발화하는지가 매우 중요하다. 이에 발화점은 가연성 액체나 고체를 가열했을 때의 발화 위험성을 나타내는 지표로 이용되고 있다. 또 시료가 어떤 일정 온도에 노출되고 나서 발화에 이르기까지는 일정 시간(발화 지연 시간)이 존재한다. 온도가 높을수록 짧고, 낮을수록 길어져 온도와 발화 지연 시간의 사이에는 상관관계가 있다. 발화 지연 시간은 발화 유도기라 불리기도 하며 위험성을 나타내는 지표로도 이용된다.

Question >> 21 연소 한계(폭발 한계)

● Answer

    가연성 가스 및 인화성 액체의 증기가 연소하기 위해서는 산소가 필요하고 가연성 기체의 농도가 너무 낮아도 너무 높아도 연소·폭발은 일어나지 않는다. 물질에 따라 정해져 있는 농도 범위에서 연소·폭발이 일어난다. 이 농도 범위를 혼합 가스의 연소 범위(폭발 범위)라고 하고, 이 농도 범위에 있는 혼합 가스를 폭발성 혼합 가스라고 한다. 그리고 연소 범위(폭발 범위)의 최저 농도를 연소(폭발) 하한계, 최고 농도를 연소(폭발) 상한계라고 하고, 이러한 한계값을 연소 한계(폭발 한계)라고 한다.

    또, 분진이 공간에 어느 농도로 분산되어 발화했을 때에 생기는 폭발을 분진 폭발이라고 하며 분진 폭발이 일어나는 농도에도 연소(폭발) 범위가 있다.

1. 연소 한계(폭발 한계)에 미치는 영향

    연소 한계는 가연성 가스의 종류에 따라서 다르지만 물성값은 아니다. 측정장치나 조건(화염을 전파시키는 방향 등)에 따라 크게 다르며, 그 외에도 다음과 같은 요소에 영향을 받는다.

    ① 온도

    ② 압력

    ③ 지연성 가스 농도

때문에 연소 한계(폭발 한계)는 표준화된 방법에 의해 측정된다. 분진 폭발의 경우는 증기 외에 입자의 입자 지름이나 수분량의 영향을 받는다.

2. 연소 한계(폭발 한계)의 측정 방법

가스 폭발

일반적으로 미국 광산국이 채용한 방법이 표준으로 사용되고 있다. 방법은 수직인 유리관의 하부에서 상부로 불꽃에 의해 생긴 화염이 전해지는지 아닌지를 측정해 전해지는 한계의 조성을 구한다.

분진 폭발

일반적으로는 미국 광산국의 하르트만형 시험기가 이용된다. 공기압으로 분진을 용기에 들뜨게 해 전기 불꽃으로 폭발하는지 아닌지를 판정한다.

3. 연소 한계(폭발 한계)를 이용한 물질의 평가

가연성 물질을 사용하는 중에 농도가 연소 범위(폭발 범위)에 들어가는 경우에는 항상 가스 폭발의 가능성이 있다. 또, 가연성 가스가 누설했을 경우에는 의도하지 않아도 가연성 가스 농도가 시간과 함께 상승해 연소 하한계(폭발 하한계)를 넘는 일이 있다. 만약 발화원이 있으면 연소가 시작되고, 경우에 따라서는 가스 폭발 사고가 날 가능성이 있다. 따라서 취급 시에는 가연성 가스 농도가 연소 범위(폭발 범위)에 들어가지 않게 질소 등의 불활성 가스를 더해(희석) 가스 농도를 낮출 필요가 있다.

일반적으로 상한계가 높고 하한계가 낮을수록 위험성이 크다. 문헌에는 측정 방법에 따라 여러 가지 값이 게재되어 있지만 폭발을 방지할 목적으로 문헌값을 이용하는 경우에는 가능한 한 넓은 범위의 한계치를 사용한다.

산화성 물질과
안전한 취급

⭕ *Answer*

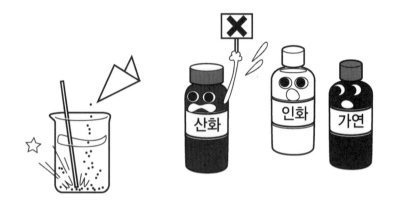

산화성이란 물질을 산화시키는 성질이다. 현대 화학에서 산화·환원은 전자의 수수에 의해 정의되지만 발화·폭발 등 연소와 관계되는 산화는 산소 등의 첨가를 가리키는 것이 일반적이다. 따라서 산화성은 산소를 공급해 연소(산화)반응을 일으키는 성질이라고 할 수 있다.

1. 산화성 물질이란

산화성 물질은 일반적으로 물질 자신이 가진 산소를 공급하여 다른 물질의 연소를 일어나기 쉽게 하고 또 그 연소를 조장하는 물질을 말한다. 산화성 물질 자체는 반드시 가연성은 아니고, 보통은 단독으로 발화 위험성을 나타내는 것은 적다. 산화성의 액체나 고체는 분자 내에 산소를 많이 포함하고 있어 가연성 물질이나 황산 등의 강산과 접촉하면 혼합 후 즉시 폭발하거나 폭발성 혼합물이 되는 것도 많다. 또, 고체의 산화성 물질 중에는 조건(단독으로 기계적인 자극이나 열)에 따라 격렬하게 폭발하는 물질도 있다.

대표적인 물질

기체 : 산소, 오존, 불소, 염소 등

액체 : 과산화수소 수용액, 차아염소산염 수용액, 초산 등

고체 : 과염소산염, 염소산염 등의 요오드 할로겐산염, 금속 과산화물, 유기 과산화물, 과망간산염 등

2. 산화물질의 위험성

산화성 물질은 가연성 물질과 섞였을 때에 격렬한 연소성이나 폭발성을 나타내 발화·폭발이나 화재의 원인이 된다. 또 액체나 고체의 산화성 물질은 가열, 타격, 마찰 등에 의해 산소를 방출하면서 분해되고 동시에 대량의 열을 발생하기 때문에 주위에 가연물이 있으면 산소에 의한 산화반응으로 대량의 열을 발생해 발화·폭발이나 화재에 이르기 때문에 위험하다.

3. 산화성 물질의 안전한 취급

산화성 물질을 취급하려면 다음의 사항에 주의할 필요가 있다.

① 가열, 타격, 마찰은 피한다. 산화성 물질의 분해가 촉진되어 산소가 발생할 가능성이 있다.

② 유기물 등의 가연성 물질과의 혼촉을 피한다. 혼합할 필요가 있을 때는 약한 산화제를 사용하고 낮은 농도, 낮은 온도에서 취급한다. 가연성 물질과의 혼합에 의해 폭발성 혼합물을 생성할 가능성이 있다.

③ 보관 시는 햇빛의 직사를 피하고 열원으로부터도 떼어 놓아 온도 상승을 억제한다. 온도가 상승하면 산화성 물질의 분해가 촉진되기 때문에 온도를 낮게 유지할 필요가 있다.

④ 용기의 파손에 주의하고 내용물이 누출되지 않게 한다. 용기가 파손해 누설되면 가연물과 접촉할 가능성이 있기 때문에 보관에는 주의가 필요하다.

사고 예

① 산화성 고체인 염소산칼륨과 가연성 물질인 유황을 플라스크 내에서 혼합하던 중 폭발해 유리 파편에 의해 3명이 부상을 입었다.

② 중크롬산칼륨과 진한 황산을 혼합시키는 작업에서 중크롬산칼륨과 유사한 산화성 고체인 과망간산칼륨을 진한 황산과 혼합했기 때문에 폭발이 일어나 실험자가 실명했다.

혼촉 위험과 혼촉
위험 약품의 안전한 취급

⬇ *Answer*

약품은 혼합을 하면 단독으로 있을 때보다 위험성이 커지는 경우가 있다. 또, 단독으로는 위험성이 거의 없는 약품이라도 혼합에 의해 위험성이 생기는 경우가 있다. 이것을 혼촉 위험(혼합 위험)이라고 한다.

1. 혼촉 현상의 분류

혼촉하고 나서 발화에 이르는 현상은 발화에 이를 때까지의 시간이나 혼합물의 생성에 따라 다음과 같이 분류된다.

① 혼촉하면 즉시 반응이 일어나 발열, 발화나 폭발에 이른다.

② 혼촉 후 일정 시간이 경과하고 나서 급격하게 반응이 일어나 발열, 발화나 폭발에 이른다.

③ 혼촉에 의해 발열, 발화는 일으키지 않지만 원래의 물질보다 발화나 폭발을 일으키기 쉬운 혼합물을 형성한다.

2. 혼촉 위험의 우려가 있는 약품의 조합

일반적으로 혼촉 위험을 나타내는 물질의 대표적인 조합은 다음과 같다.

① 산화성 물질과 환원성 물질

② 산화성 염류와 강산

③ 불안정 물질을 만드는 혼촉

3. 혼촉 위험 약품의 안전한 취급
일반적으로 혼촉 위험을 일으키는 약품끼리는 혼합하지 않는 것이 안전상 필요하다.
또 취급 시에는 다음의 사항에 주의해야 한다.
① 혼합하는 약품, 혼합에 의해 생성할 가능성이 있는 물질에 관한 정보를 충분히 수집한다. 각 약품 단독으로는 아무런 위험성이 없다고 여겨지는 것이 혼촉에 의해 위험성을 나타내는 경우가 있다.
② 혼촉 위험성을 일으키는 약품끼리는 거리를 두고 보관한다. 지진 발생 시에 약품 용기가 전락, 파손되어 약품이 예기치 않은 혼촉을 일으켜 발화에 이를 가능성이 있다.
③ 실험 폐액은 내용물을 파악해 둔다. 실험 폐액을 혼합하는 경우에 혼촉 위험성을 일으킬 가능성이 있다.

4. 혼촉 위험성의 평가 방법
혼촉 위험성의 평가는 다음과 같은 단계적 평가 방법을 이용하는 것이 효과적이다.
문헌 정보에서 혼촉 위험성 추정
문헌 등을 통해 비교적 간단하게 혼촉 위험성에 대한 많은 정보를 얻을 수 있으므로 최초로 실시해야 할 평가 방법이다.
열화학 계산에 의한 혼촉 위험성 예측
혼촉반응이 일어났을 때의 최대 발열량을 계산해 그 크기로부터 일어날 수 있는 최대 위험성을 예측하는 방법이다.
실험에 의한 혼촉 위험성 평가
상기 두 과정을 거쳐 마지막에 수행하는 평가이며 가장 신뢰할 수 있다.
미국 USCG 반응 위험성 시험, 대규모 혼합 시험 등이 있다.

사고 예

① 약품 저장고나 선반에 놓인 약품 용기가 지진동에 의한 전도, 낙하 등으로 파손되어 누설한 약품이 서로 섞여 발화했다.
② 실험 조작 시 화학약품을 잘못 혼합하거나 약품을 용기에 폐기할 때에 부적절하게 약품을 혼합시키거나 혼촉 위험이 있는 약품류를 동일 실내에 보관하는 등 약품 등에 대한 부주의와 지식 부족에 기인하는 사고가 발생하고 있다.

Question >> 24 유해성 물질과 안전한 취급

⬇ Answer

유해성 물질이란 화학물질이 사람을 비롯한 각종 생물의 생명, 건강 및 건전한 종의 보존에 대해서 직접 또는 간접적으로 바람직하지 않은 영향을 주는 물질을 말한다.

1. 유해성 물질의 정의

물질의 유해성을 논하는 일반 원칙은 「모든 물질은 독이다. 다만, 양(농도)에 따라 독이 되기도, 그렇지 않기도 할 뿐이다」라는 것이다. 생명체는 환경 중에 존재하는 많은 화학물질과 접촉하고 있으며 그 대부분은 양(농도)에 따라 유해성을 갖고 있다는 의미이다. 유해성을 규정하는 기준은 다음과 같다.

① 화학물질 고유의 성질

② 양(폭로량, 섭취량, 흡인량, 투여량 등)

③ 농도

예를 들면, 평소 영양소로 섭취하고 있는 물질도 기준 이상 섭취하면 유해할 수 있다. 이와 같이 양(농도)이 많아짐에 따라 건강 영향이 커져 최종적으로는 죽음이라고 하는 최대의 건강 영향이 발생할 가능성이 있다.

2. 유해 위험성의 분류

유해 위험성을 분류하는 기준은 어디에 역점을 두느냐에 따라 여러 분류 방법이 있지만 발현되기까지의 시간에 따라 급성 독성과 만성 독성으로 분류된다.

급성 독성 : 유해성 물질의 1회 대량 투여에 의해 며칠 이후부터 2주일 이내에 나타난다.

만성 독성 : 소량의 유해성 물질을 몇 회 나누어 수 개월 이상 연속 투여해 나타난다.

3. 대표적인 유해성 물질

염소, 유기용제, 황화수소, 시안화수소 등을 꼽을 수 있으며 실험 중의 사고도 보고되고 있다. 그 외에도 여러 가지 반응 실험에 의해 유해성 물질이 생성되고 흡인했을 경우는 중독되는 예도 많다.

4. 유해성의 지표

유해성을 나타내는 지표에 허용 농도가 있다. 허용 농도란 화학물질에 노출되는 경우의 한계(폭로 한계)를 가리키며 거의 모든 근로자가 통상 근무(1일 8시간, 1주일 40시간)에 계속적으로 일을 해도 현저한 건강 장에를 일으키지 않는 폭로 농도를 나타내는 것이다. 다만, 허용 농도가 충분한 안전을 보장하는 것은 아니라는 점에 주의하지 않으면 안된다.

5. 유해성 물질의 안전한 취급

예상되는 반응 이외에도 여러 가지 부반응이나 2차 반응이 생기는 것을 미리 예상해, 발생할 가능성이 있는 화학물질과 발생량 등을 예측해 둘 필요가 있다. 예측되는 화학물질에 대한 유해성 정보를 수집해 화학물질별로 그에 맞게 취급한다. 유해성을 조사하는 방법은 다음과 같다.

① 학술 논문이나 서적, 데이터집 등

② 신뢰할 수 있는 인터넷 사이트 정보, 전자 매체(CD-ROM) 등

③ MSDS에는 성분에 관한 독성이나 취급 방법 등 여러 가지 정보가 기재되어 있다. 따라서 발생할 가능성이 있는 화학물질의 MSDS는 모두 수집하는 것이 바람직하다.

사고 예

① 고농도의 암모니아를 포함한 반응액의 냄새를 직접 맡았기 때문에 중독됐다.

② 수은 수그램을 뜨거운 물 위에 떨어뜨렸기 때문에 급성 중독에 의해 사망했다. 또, 허용 농도 이하였지만 수은 증기 분위기에서 장기간 작업했기 때문에 만성 중독 증상이 나타났다.

③ 자성 유체 개발을 위해 톨루엔이나 암모니아를 포함한 액체를 환류하던 중에 내용물이 갑자기 분출하였는데 실험자가 호흡 보호구를 뗀 다음 끓어올랐고 또 드래프트 외에서 실험했기 때문에 다량의 증기를 마셔 폐수종으로 11일간 입원했다.

④ 대학의 실험용 수조에서 물고기의 돌연사를 연구하던 중 연구자에게 기억 장애와 피부염이 발생했다. 신종 플랑크톤으로부터 독소가 발생했기 때문이었다.

Question >> 25 독물 · 극물의 안전한 취급

⊙ *Answer*

독물 · 극물이란 의약품 · 의약부외품 이외의 유해한 화학물질 중에서 보건위생상의 관점에서 「독물 및 극물 단속법(독극법)」에 의해 규제되고 있는 물질을 말한다. 이 법률에서는 독성의 강도에 따라 독물, 극물, 특정 독물로 분류된다. 독물, 극물 여부는 동물이나 사람을 대상으로 한 실험 등을 통해 얻은 해당 화학물질의 물성, 화학제품으로서의 특질 등을 고려해 판정한다.

1. 독물 · 극물의 판단 기준

건강 영향의 종류를 「사망」이라고 했을 경우에는 화학물질의 양 · 농도와 죽음의 관계에 대해 사망 발생률 50%의 양 · 농도를 50% 치사량 · 농도라고 해 물질 간의 상대적인 독성 강도를 비교하는 지표로 이용한다. 원칙적으로는 최대한 다양한 폭로 경로(경구, 경피, 흡입(가스, 증기, 더스트, 미스트))의 급성 독성을 평가한 다음 50% 치사량 · 농도가 판정 기준을 넘는 경우는 각각의 기준에 근거해 독물 · 극물로 분류하고 있다. 또 독물 가운데 독성이 매우 강하고, 널리 일반적으로 사용되어 위해 발생의 우려가 현저한 것은 특정 독물로 지정되어 있다.

2. 대표적인 독성 물질

독물

황인, 시안화수소, 수은, 니코틴, 비소, 불화수소 등

극물

암모니아, 염화수소, 염소, 과산화수소, 클로로포름, 질산, 수산화나트륨, 톨루엔, 페놀, 메탄올, 요오드, 황산 등

특정 독물

4알킬납, 모노플루오로초산 등

3. 독물·극물의 안전한 취급

독물·극물은 흡입이나 접촉에 의해 중독되는 등의 위험성을 겸비하고 있기 때문에 취급에는 세심한 주의가 필요하다.

독물·극물의 누설·유출 방지

① 용기나 보관 설비 등에 부식·균열·파손 등이 없는지 정기적으로 확인한다.

② 운반할 때는 적절한 방법과 양을 운반한다.

사용 시

① 다른 위험성 물질을 사용할 때와 마찬가지로 조사를 실시한다. 독성의 정도에 대해서는 허용 농도, 치사량을 조사한다.

② 실험 시에는 필요에 따라서 장갑이나 안전 고글을 착용한다. 다량으로 취급할 때는 방호·방독 마스크를 착용한다.

③ 오음 방지를 위해 페트병 등에는 옮기지 않는다. 조제한 시약이나 소구분한 시약을 넣은 용기에는 라벨을 붙인다.

④ 실험실은 항상 환기하고 유해가스가 발생하는 실험은 반드시 드래프트 내에서 실시한다. 유독가스가 체류할 가능성이 있기 때문에 항상 낮은 농도를 유지한다.

폐기 방법

원칙적으로 독물·극물이 아닌 상태로 하고 나서 폐기한다. 많은 독물·극물에 대해 개별 품목마다 구체적인 폐기 방법이 표시되어 있다.

사고 예

① 대학 실험실에서 이황화탄소를 용매로 한 합성 반응을 드래프트 내에서 행하지 않고 실험대 위에서 실시했기 때문에 이황화탄소 증기를 흡입해 중독됐다.

② 대학 실험실에서 유리 기구를 세정한 후 신속하게 건조시키기 위해 메탄올로 유리 기구에 부착되어 있는 물을 치환해서 건조기에 넣었다. 건조기를 개방하자 내부에 가득 차 있던 메탄올 증기를 흡입한 학생이 졸도했다.

Question >> **26** 발화 · 폭발성 물질의 저장 · 보관 방법

🔽 Answer

1 . 발화 · 폭발성 물질의 저장과 보관

화학계 실험실에서 약품을 저장 · 관리할 때 주의해야 할 최우선 사항은 약품의 발화에 의한 화재를 미연에 방지하는 것이다. 실험실에서 취급하는 약품의 상당수는 발화, 폭발성을 비롯한 여러 가지 위험성을 잠재적으로 보유하고 있어 안전한 취급과 보관이 요구된다. 또 지진이나 화재 등의 재해 시에는 약품에 의한 2차 재해로 재해 규모가 커질 수 있으므로 약품의 적정한 저장과 보관이 중요하다.

2. 발화 · 폭발성 물질의 유출 및 누설 방지

화재나 지진 등의 재해에 대비하여 각 약품 선반, 약품 창고에 수납된 약품의 이름, 용기의 재질, 용량, 성질과 상태 등을 파악해 둘 필요가 있다. 또, 약품 용기의 전락 등으로 금이 간 용기로부터 누설한 약품의 혼촉을 방지하기 위해서는 약품 선반의 구조와 선반의 고정 방법 및 약품 용기의 수납 방법에 대해 충분한 대책을 세우는 것이 필요하다.

약품 찬장

① 약품 용기는 불연재로 만들어진 약품 선반에 보관하고 약품 용기의 전락 방지책을 마련한다.
② 약품 선반은 지진동 등으로 열리는 것을 방지하기 위해 잠금장치를 한다.
③ 약품 선반은 지진동 등에 의해 쉽게 미끄러지거나 넘어가지 않도록 마루, 벽 또는 기둥 등에 고정해 둔다.

약품 용기

① 약품 용기는 용기별로 분리형 수납 케이스에 넣어 선반에 고정한다.

② 특히 위험성이 높은 약품 등의 용기는 약품 선반의 하단 또는 드래프트 아래 등에 수납하고, 필요에 따라서 모래상자에 넣는다.

③ 자연 발화 우려가 있는 약품은 보호액을 충분히 채워 둔다.

④ 약품 용기의 뚜껑은 완전하게 닫고, 가능한 한 안쪽 뚜껑을 사용한다.

⑤ 약품 용기에는 품명 및 저장 또는 취급상의 주의사항을 표시해 둔다.

⑥ 혼촉 발화를 일으킬 가능성이 있는 약품은 가급적 같은 공간에 함께 두지 않는다. 어쩔 수 없이 두는 경우에는 떨어진 위치에 수납한다.

⑦ 약품은 필요한 만큼 구입하고 여분의 약품을 보유하지 않되, 사용 빈도가 적은 약품은 폐기 처분한다.

3. 발화 · 폭발성 물질의 저장 · 보관상 주의사항

약품의 위험성에 따라 적절한 저장 · 보관 방법이 필요하다.

폭발성 물질

화기, 그 외 발화원이 될 우려가 있는 것에 접근시키거나 가열, 마찰 또는 충격을 주지 않는다.

발화성 물질

저장, 보관 중에 용기가 전락하거나 낙하물에 의해 파손되어 공기, 물과 접촉하지 않도록 저장, 보관한다.

산화성 물질

분해를 촉진할 우려가 있는 것에 접근시키거나 가열, 마찰 또는 충격을 주지 않는다.

인화성 물질

화기, 기타 발화원이 될 우려가 있는 것에 접근시키거나 증발 또는 가열하지 않는다.

사고 예

① 휘발성이 높은 인화성 액체를 제대로 뚜껑을 닫지 않고 냉장고에 보관했기 때문에 저온에서도 증기압에 의해 기화해 냉장고 안에서 폭발이 일어났다.

② 제2급 알코올이나 에테르를 장기간 보관했을 경우 자동 산화에 의해 유기과산화물이 생성되어 증류 조작 중 농축에 의해 폭발하는 예가 적지 않다.

27 독물 · 극물의 저장 · 보관 방법

⬇ Answer

독물 · 극물이란 「독물 및 극물 단속법(독극법)」에 의해 규제되고 있는 물질을 말하며 그 성질상 특별한 관리가 필요하다.

독물 · 극물은 다양한 곳에서 유효하게 활용되고 있지만 흡입이나 접촉에 의해 중독되거나 때에 따라서는 죽음에 이를 가능성이 있다. 적절한 방법으로 저장 · 보관하지 않으면 최악의 경우 약품이 유출되어 범죄에 사용된다. 실제로 도난된 약품이 범죄에 사용되는 사례가 발생하고 있다. 따라서 저장 · 보관에는 세심한 주의가 필요하다.

1. 도난 · 분실 방지를 위한 조치

① 보관 장소는 가능한 한 부지 경계선으로부터 먼 장소로 하고 보관 선반 · 보관 창고는 창가 방이 아닌 건물 안쪽에 설치한다. 사람의 눈에 띄는 장소는 도난이나 외부인이 드나들 가능성이 있다. 관계자 이외의 사람이 접촉할 수 있는 장소에 놓아두면 도난의 위험성이 높은 동시에 일반인들에게 위해를 줄 수 있다.

② 보관 장소는 관리자가 항상 눈길이 미치는 곳에 설치한다. 눈이 닿는 장소에 설치하면 도난을 방지하는 데도 유효하고 재해 시에도 신속한 대응이 가능하다.

③ 안전한 설비(전용의 설비)에 보관한다. 저장하는 장소에는 「의약외 독물」 혹은 「의약용외 극물」이라고 표기해 붙여둔다.

④ 열쇠가 있는 튼튼한 곳에 보관하고 반드시 자물쇠를 채운 다음 열쇠를 철저히 관리한다. 열쇠 관리자를 정하고, 관리 대장을 작성해 열쇠 사용자를 파악한다. 시큐리티 시스템을 도입하는 등 관리를 강화하는 것이 바람직하다.

⑤ 약품 관리부를 작성해 사용량, 잔량을 파악할 수 있도록 한다. 정기적인 점검을 실시해 관리 장부와 모순되는 내용이 없는지 확인한다.

⑥ 시약병에서 소분한 시료도 자물쇠를 채운 시약 선반 등에 엄중하게 관리한다. 소분한 시료의 병에도 독물 또는 극물임을 알 수 있도록 표시한다.

2. 독물 · 극물을 의식한 보관

① 다른 물질과 구별해 보관한다. 일상적으로 사용하는 시약과 함께 보관하면 독물 · 극물의 관리가 소홀해질 수 있다.

② 보관, 저장, 진열 장소에는 「의약용외」라고 표기하고 독물에는 「독물」, 극물에는 「극물」이라는 표기를 한다.

③ 재해에 대비하여 열이나 진동 등에 견딜 수 있는 상태를 유지할 수 있도록 조치해 보관할 필요가 있다.

④ 장기간 사용되지 않고 향후도 사용 계획이 없는 것은 적정한 방법으로 폐기한다. 또 보관량을 최소한으로 한다.

사고 예

대학 연구실에서 독성이 강한 아지화나트륨의 관리가 부적절한 탓에 누군가 무심코 커피에 넣었다. 커피를 마신 조수 등이 중독을 일으켰다.

적을 알고 나를 알면 백전백승이다

적군과 아군의 실태를 알고 우열을 파악한 다음 싸우면 어떤 싸움에서도 지지 않는다는 뜻이다.

미혹된 자는 길을 묻지 않는다

무언가에 홀려 정신을 차리지 못하는 사람은 현자에게 묻지 않고 혼자 하려고 하므로 결국 갈팡질팡하다가 신세를 망쳐 버리는 것을 말한다.

어설픈 병법은 큰 부상의 원인

수박 겉핥기식 지식을 무턱대고 믿다가는 크게 실패하게 된다는 것을 말한다. 얕은 꾀로 경솔하게 손을 대어서는 안 된다는 것을 가르치고 있다.

화학실험을 실시할 때는 화학약품의 잠재 위험성에 관한 충분한 지식을 가지고 안전하게 취급하는 것이 중요하다.

3장 가스의 잠재 위험과 안전한 취급

　고압가스는 통상 고압가스 봄베 등에 넣어 보관하며 고압에 따른 물리적인 잠재 위험과 가스의 특성상 가연성, 독성, 지연성, 그 외에 수반하는 화학적인 잠재 위험이 있다.

　따라서 고압가스를 취급하는 경우에는 고압에 기인하는 잠재 위험뿐 아니라 가스의 특성에 기인하는 잠재 위험이 있음을 이해하고 적절하게 취급하도록 유의하지 않으면 안 된다.

　반도체 등에 이용되는 특수 재료 가스는 자연 발화성이나 분해 폭발성이 있고 또, 독성이 있는 것도 있으므로 이를 고려하여 취급해야 한다. 특수 재료 가스 가운데 특히 위험성이 높은 실란, 디실란, 포스핀, 알루신, 디보란, 게르만, 셀렌화수소 7종의 가스는 특수 고압가스로 지정되어 용량을 불문하고 신고를 해야 하며 보안 확보를 위한 기술 기준이 정해져 있다. 그 외에 압축 수소, 압축 천연가스, 액화 산소, 액화 암모니아, 액화 석유가스, 액화 염소는 특정 고압가스로 지정되어 저장 수량에 따라 신고가 필요하다. 한편, 도시가스는 가연성이며 그 특성을 이해하고 취급할 필요가 있다.

　여기에서는 고압가스, 특수 재료 가스 및 도시가스의 잠재 위험과 안전한 취급 방법에 대해 살펴본다.

　1) 고압가스

　① 고압가스의 잠재 위험과 안전한 취급 : 가연성 가스, 독성 가스, 지연성 가스(고압 산소), 불연성 가스

　② 고압가스 용기(봄베) 및 압력 조정기의 안전한 취급

　2) 특수 재료 가스

　3) 도시가스

Question >> 28 고압가스의 위험성과 안전한 취급

⬇ Answer

고압가스는 가스가 분출했을 때나 압력 용기 등이 파손해 비산하면 인체에 손상을 가할 위험성이 있다. 또 가스의 종류에 따라 독성, 가연성, 불활성(질식의 위험성이 있다), 지연성 등의 특징이 있으므로 각각의 성질에 대응한 주의가 필요하다. 가스별 특징 · 위험성을 숙지한 다음 위험을 회피할 수 있는 안전 대책을 실험 전에 충분히 강구할 필요가 있다.

1. 고압가스의 위험성

가스의 사용 압력이나 가스종, 저장량에 따라 고압가스보안법에 해당하는 것은 허가 · 신청 등이 필요하기 때문에 사전에 확인한다. 또 고압가스를 사용하려면 다음의 점에 주의한다.

① 사용 기기의 사용 가능한 압력(상용 압력)을 확인해 정해진 압력을 넘지 않도록 주의한다.

② 시험 개시 전, 시험 중, 시험 종료 후의 압력을 점검하고 누설에 주의한다.

③ 필요에 따라서는 시험 전에 기밀시험을 실시하여 소량의 누설에도 주의한다.

④ 각 가스의 특징을 확인해 가스의 혼합(발화 위험성이나 독성 가스의 발생)에 대해 주의한다.

⑤ 고압가스 설비는 정기적으로 기밀 · 내압시험을 해 부식 여부를 확인한다.

2. 각종 고압가스의 위험성과 안전한 취급

사용하는 가스의 종류에 따라 위험성은 다르다. 개별 가스의 특징을 MSDS에서 확인해 위험성을 파악한다. 각종 가스를 취급할 때는 가스의 성질에 따라 다음의 점에 주의한다.

독성 가스(염소, 암모니아, 황화수소 등)

① 허용 농도의 확인과 농도 감시

허용 농도의 가스종에 따른 규정 : ACGIH(미국정부산업위생전문가회의) 등

⑩ 황화수소 10ppm(ACGIH TLV-TWA(평균 허용 농도))

② 누설 시의 확산 방지 등을 검토

③ 제해설비의 확인

④ 혼합했을 때의 위험성

가연성 가스(수소, 아세틸렌, LPG 등)

① 폭발 범위의 확인

② 지연성 가스와 혼합했을 때의 폭발 위험성

③ 소화설비의 확인

불활성 가스(이산화탄소, 질소, 아르곤 등)

① 산소 농도의 감시 : 18%가 안전 하한 농도, 10% 이하에서는 사망 위험성

② 불활성 가스의 허용 농도 확인과 농도 감시

⑩ CO_2의 허용 농도 0.5%(ACGIH TLV-TWA)

③ 환기에 주의한다.

부식성 가스(염화수소, 암모니아 등)

① 내부식성 재료의 선정

② 내용연수(두께 측정)

지연성 가스(산소, 공기, 이산화질소 등)

① 가연성 가스와의 혼합 위험성

② 급속한 밸브 조작 시 단열 압축에 의한 발화

③ 소화설비의 확인

사고 예

① 고압 상태로 물을 전기분해하는 티탄제 반응장치 내에서 예상 외의 화학반응이 일어나 티탄이 연소, 고압 산소의 배관이 파열해 폭발 소리가 났다.

② 장기간 보관 중인 염소 가스나 황화수소 가스 봄베의 부식에 의한 누설 사고가 보고.

③ 이산화탄소의 봄베가 누설되어 중독되었다. 이산화탄소는 산소 결핍 위험이 큰 가스인 동시에 농도가 높아지면 독성도 보인다.

④ 더운 날씨에 방치된 질소 봄베의 내압이 상승해 봄베 콕이 떨어져 나가 봄베가 튀어 올랐다.

Question >> 29 고압가스 용기의 안전한 취급

● Answer

고압가스 용기(봄베)는 가스의 종류에 따라 색으로 분류되어 있다. 고압가스 용기를 사용하려면 가스명을 확인하고 사용해야 한다. 또 크게는 14.7MPa의 압력으로 충전되어 있기 때문에 용기 취급이나 밸브를 열 때는 충분히 주의한다. 용적 300m³(산소는 100m³) 이상의 고압가스는 시도지사의 허가를 얻은 저장소에 저장해야 한다.

1. 고압가스 용기의 분류와 설치 나사

고압가스 용기의 색상 분류

가스명	용기의 도색	가스명	용기의 도색
산소 가스	검은색	수소 가스	빨간색
이산화탄소	녹색	암모니아	흰색
염소	노란색	아세틸렌	갈색
그 외의 가스	회색	LP 가스	자유(다른 것과 혼동 되는 색은 제외한다)

＊가연성 가스와 헬륨 가스는 왼쪽 나사. 그 외의 가스는 오른쪽 나사이다.

2. 고압가스 용기의 안전한 취급

① 각인이나 도색을 마음대로 말소하거나 변경해서는 안 된다.

② 각인이 없는 용기는 사용하지 않는다.

③ 용기의 충전 또는 재충전은 허가를 받은 공장 이외에서 행해서는 안 된다.

④ 용기는 주의 깊게 취급한다. 타격 및 낙하는 용기, 밸브 및 안전 장치를 손상시켜

누설, 파열 등의 위험이 있다.

⑤ 용기는 환기가 잘 되고 경량인 지붕 아래에서 40℃ 이하의 장소에 보관하되, 장기간 바람에 노출되거나 습기가 있는 곳에 보존하지 않는다. 장기간 습기가 있는 장소에 보관하던 용기가 부식되어 용기 두께가 얇아져 파열한 사고 예가 있다.

⑥ 사용한 용기는 신속하게 반환하되 직접 폐기하지 않는다.

⑦ 산소 가스 용기와 가연성 가스 용기, 독성 가스 용기는 구분해 저장한다.

⑧ 용기를 세워 두는 경우에는 전도하지 않게 전용 용기를 사용하거나, 쇠사슬 등으로 벽 또는 적당한 곳에 고정한다.

⑨ 용기를 옆으로 눕히거나 운반하는 경우에는 용기가 구르지 않게 지지도구 등을 이용해 고정한다.

⑩ 용기에 접속하는 도관, 압력 조정기 등은 해당 가스 전용의 물건을 사용하되, 다른 가스의 것을 유용하지 않는다.

⑪ 밸브는 갑작스럽게 열지 않는다. 여는 경우에는 출구 측에 사람이 없는지 확인하고 전용 핸들을 이용해 천천히 연다.

⑫ 밸브는 충분히 열어 사용한다. 산소 가스 등의 경우 약간 열어 사용하면 유속이 빨라져 발화 위험이 있다(완전히 연 후, 개폐 상태를 확인하기 위해 약간 되돌린다). 다만 용해 아세틸렌 용기의 밸브는 1.5회전 이상 열지 않는다. 완전히 열면 가운데의 액체가 분출해 발화 위험이 있다.

⑬ 여름철의 직사광선, 스토브 등의 열원 및 용접, 용단 등의 근처에서 용기를 사용하지 않는다.

⑭ 용기를 가온할 때는 열습포 또는 온도 40℃ 이하의 온탕을 사용한다.

⑮ 가스 사용 후에는 완전하게 밸브를 닫고 캡을 씌워 둔다.

⑯ 용기 저장소에는 소화기를 비치한다.

사고 예

① 실험실에서 충전 후 약 15년이 경과한 염소 가스 봄베가 부식으로 누설됐다.

② 황화수소 봄베를 이용한 실험 중에 가스가 샜다. 교수가 실외로 옮겨 개폐 장치를 닫으려고 했지만 오히려 황화수소가 분출해 사망했다.

③ 산소 봄베의 원 밸브를 제대로 닫지 않았기 때문에 서서히 산소가 누설, 실내의 산소 농도가 30%를 넘어 정전기의 불꽃으로 작업자의 작업복이 불타 사망했다.

④ FID 가스 크로마토그래피용 수소 배관의 누설로 실험실 내에서 폭발 사고가 일어났다.

Question >> **30** 고압가스 압력 조정기의 안전한 취급

🔻 *Answer*

압력 조정기는 고압가스를 작업에 적합한 압력으로 감압하기 위해 사용하는 기기이며, 취급에는 고압가스의 분출이나 기기의 파손 등 고압력에 대한 주의가 필요하다. 또, 사용 가스에 대응한 특징을 MSDS에서 확인해 가스의 안전성을 고려하면서 사용할 필요가 있다. 압력 조정기를 용기에 부착 시 열 때는 오른쪽으로 돌리지만, 가연성 가스와 헬륨 가스는 왼쪽으로 돌린다.

1. 압력 조정기 설치 시 주의사항

① 사용하는 압력에 맞는 조정기를 선정한다(상용 압력 확인).

② 압력계가 부속되어 있는 조정기는 공급 압력과 사용 압력을 확인한다.

③ 조정기마다 지정한 가스만 사용한다.

④ 다른 가스와 공용하지 않는다. 가연성 가스에 사용한 조정기를 산소 가스에 사용하면 발화 위험이 있다. 또 독성 가스나 부식성 가스가 생성될 위험도 있다.

⑤ 부착할 때는 기름 성분이나 먼지가 혼입하지 않게 한다.

⑥ 부착할 때는 조정기의 핸들을 왼쪽으로 돌려 느슨하게 해 둔다. 조정기는 다른 핸들과 마찬가지로 오른쪽으로 돌려 가스의 유로를 막으려고 하면 반대로 압력이 상승한다. 가스의 유로를 닫으려면 왼쪽으로 돌린다.

⑦ 개스킷에 오염이 있는 경우는 신품으로 교환한다.

⑧ 용기 밸브 나사와 조정기 나사가 흔들리는 것은 사용하지 않는다.

⑨ 부착 후에는 발포액 등으로 가스 누출 검사를 실시해 기밀을 확인한다.

⑩ 손상되었거나 가스 누출이 의심되는 기기는 사용하지 않는다.

2. 압력 조정기 사용 시 주의사항

① 용기의 밸브를 열 때는 천천히 연다. 산소 가스의 경우는 발화 위험이 있다.

② 통풍과 환기가 잘 되는 장소에서 사용한다.

③ 조정기에 무리한 힘이나 충격을 가하지 않는다.

④ 작업 종료 후에는 통풍이 잘 되는 장소에서 배관 안에 있는 가스를 완전히 빼고 핸들을 왼쪽으로 돌려 느슨하게 해 둔다.

사고 예

티탄제 압력 조정기를 산소 봄베에 부착한 후 갑작스럽게 개방했는데 단열 압축으로 압력 조정기의 패킹이 불탄데다가 티탄도 불탔기 때문에 불길이 분출해 실험자가 화상을 입었다.

산소 가스의 위험성과 안전한 취급

🔻 *Answer*

　　산소 가스는 지연성 가스이며 가연물을 폭발적으로 연소시킨다. 산소 가스를 사용할 때는 화기 취급은 엄금이며 설비도 유지류를 사용하지 않는 청정한 상태로 해 둘 필요가 있다. 또 가연성 가스와 혼합할 때도 연소 폭발 위험성이 있으므로 주의가 필요하다.

1. 산소 가스의 위험성

산소 중독

　　① 고압, 고농도의 산소를 흡입하면 중추 신경이나 폐에 이상을 초래한다.

발화 위험성

　　① 설비에 기름이나 먼지 등이 부착, 혼입하면 발화 위험성이 있다.

　　② 화기가 있으면 발화 위험성이 있다. 산소 가스가 스며든 옷을 입은 채 담배에 불을 붙이려다 옷이 발화한 예가 있다. 가스이므로 용이하게 확산할 거라고 생각하지만, 잔류 가스로 인해 생각지 못한 사고가 일어나는 일이 있다.

　　③ 가연성 가스를 혼합하면 발화 위험성이 있다.

　　④ 밸브를 급격하게 열면 단열 압축에 의해 가스 온도가 상승해, 발화 위험성이 있다.

　　⑤ 밸브를 조금 연 채 사용하면 좁은 지역에서 가스 유속이 빨라져 발화 위험성이 있다.

2. 산소 가스의 안전한 취급

고압 산소 가스를 사용할 때는 아래의 사항에 주의해야 한다.

① 산소 농도계를 설치해 농도를 감시한다.

② 환기를 실시한다. 산소 농도가 높아지면 지금까지 발화하지 않았던 가연물도 발화할 가능성이 있다. 고산소 분위기에서 절삭 작업(불꽃 발생)을 하다가 옷에 발화해 사망 사고가 발생한 예가 있다.

③ 설비는 금유품(禁油品)을 사용하고 청정한 상태로 한다.

④ 압력 조정기, 압력계, 도관은 산소 가스 전용의 것을 이용하고, 다른 가스의 것을 유용하지 않는다.

⑤ 화기는 엄금하고, 발화원(밸브를 갑자기 열었을 때의 단열 압축, 기기의 충돌이나 가스 중의 먼지 충돌에 의한 불꽃, 정전기나 전기 불꽃 등)을 없앤다. 전기설비는 가능한 한 방폭 설비를 사용한다.

⑥ 가연성 가스와 혼합할 때는 폭발 범위를 확인한다.

⑦ 산소 가스 용기에 다른 가스는 주입하지 않는다.

⑧ 산소 가스 용기를 가연성 가스 용기와 함께 저장하지 않는다.

⑨ 밸브는 갑작스럽게 열지 않는다(천천히 연다).

⑩ 밸브는 완전히 열어 사용한다(여러 차례 회전하는 밸브는 개폐 상태를 확인하기 위해 완전히 연 후 약간 되돌린다).

⑪ 소화설비를 상비한다.

사고 예

① 티탄제 가압 반응기(오토클레이브)의 누설 테스트를 산소 가스로 실시했기 때문에 오토클레이브의 밸브 등이 불타 분출한 불길로 4명이 부상했다.

② 산소 봄베 밸브를 급격하게 개방했기 때문에, 봄베에 접속한 고무 내압 호스가 불타 절단됐다. 고압가스의 분출에 의해 좌우로 요동치는 고무 호스에 맞아 작업자가 사망했다.

③ 산소 봄베용 압력 조정기로 티탄 제품을 사용하면 감압 밸브가 발화 연소하는 예는 적지 않다.

❖ *Answer*

특수 재료 가스(반도체 재료 가스)는 주로 반도체 산업의 원재료에 이용되는 가스로 Question10의 표에 나타낸 가스 등이 있다. 이러한 가스는 위험성이 높기 때문에 각 가스의 특징을 MSDS에서 확인한 후 아래의 주의사항을 숙지하고 안전하게 취급한다.

1. 특수 재료 가스의 위험성

① 가연성 가스가 있어 발화, 폭발 위험이 있다.
② 분해 폭발성 가스가 있어 충격 등에도 폭발 위험이 있다.
③ 독성 가스가 있으므로 중독 위험이 있다.
④ 부식성 가스가 있으므로 설비를 부식, 열화시킬 위험이 있다.

2. 특수 재료 가스의 안전한 취급

실험실이나 취급 설비의 요건

① 실험실은 누설 가스가 체류하지 않는 구조로 하고 배출할 수 있는 설비를 갖춘다.
② 실험실 출입구 부근의 눈에 쉽게 띄는 위치에 책임자의 이름·연락처와 사용하는 가스의 종류, 유해성 등에 대해서 다른 사람이 알 수 있도록 표시한다.
③ 가스를 사용하는 장소에는 해당 실험 관계자 외의 사람이 접근하지 않도록 한다.
④ 긴급 시에 안전을 확보할 수 있는 공기 호흡기 등의 방호 용구를 설치한다.
⑤ 제해장치, 가스 누설 검지 경보 설비, 긴급 차단 장치, 소방 소화 설비, 비상 조명,

통보 설비, 기타 보안 확보에 필요한 설비를 설치한다.

⑥ 이들 설비에는 보안 전원을 설치한다.

⑦ 설비에 사용하는 재료는 가스의 종류, 성질과 상태, 온도, 압력 등에 대응하여 적절한 화학적 성분 및 기계적 성질을 가진 것으로 구성한다.

⑧ 사용 중인 용기 및 조정기는 배기 덕트에 접속한 밀폐 용기(실린더 캐비닛)에 수납한다.

⑨ 공급 설비, 실린더 캐비닛 등에는 퍼지 라인을 설치하고 제해 설비에 접속한다.

⑩ 배관에는 가스의 종류와 흐름의 방향을 표시하고 밸브에는 개폐 상태를 명시한다.

⑪ 가연성 가스를 취급할 때는 소화 설비를 설치한다.

실린더 캐비닛의 요건

① 재료는 취급하는 가스가 가연성 또는 지연성인 경우는 불연성으로 하고, 부식성인 경우는 내식성으로 한다.

② 내부를 감시할 수 있는 창을 마련한다.

③ 내부는 부압을 유지하되 압력 차이를 외부로부터 감시할 수 있게 하고, 이상 시에는 경보를 울리는 구조로 한다.

④ 용기 등의 전도를 방지하기 위한 고정 장치를 갖춘다.

취급 시 주의사항

① 용기에 충격을 가하지 않는다. 분해 폭발성 가스 용기를 하역할 때 폭발한 사고 예가 있다.

② 용기의 밸브는 급하게 열지 않는다. 분해 폭발성 가스의 폭발이나 지연성 가스의 단열 압축에 의해 발화 위험성이 있다.

③ 설비, 배관 등은 사용 전에 새지 않는지 확인한다.

④ 특수 재료 가스를 사용할 때는 무인운전하지 않는다.

⑤ 설비는 사용 개시 시, 사용 중, 사용 종료 시 등 1일 3회 이상 일상 점검을 실시한다.

⑥ 독성 가스는 제해 장치 등으로 무해화한 후 방출한다.

⑦ 가연성 가스는 폭발 하한계 이하로 희석한 후 방출한다.

사고 예

대학 실험실에서 모노실란 가스 봄베가 폭발해 2명이 사망했다. 지연성 가스인 아산화질소와 모노실란 가스 봄베가 밸브를 거쳐 접속되어 있었기 때문에 양자가 서서히 혼합되어 폭발적으로 연소했다.

⬇ *Answer*

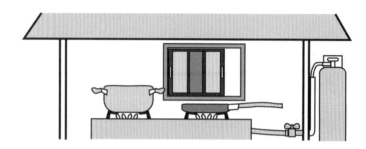

도시가스는 메탄을 주성분으로 하고, 액화 천연가스(LNG)에 액화 석유가스를 혼합해 열량(주로 도시에서 사용되는 13A 타입)을 조정한 가스이다. 원료나 제조 방법, 발열량 등에 따라 나눌 수 있고 7종류(6A, 5C, L1, L2, L3, 12A, 13A)의 가스가 사용되고 있다. 각 가스의 종류에 맞는 기구를 사용할 필요가 있다. 메탄은 본래 무취이지만 가스 누출을 알 수 있도록 미량의 유취제를 첨가해 양파가 부패한 것 같은 냄새가 난다.

LP가스의 주성분은 부탄과 프로판이다. 보통은 용기에 액화된 상태로 충전되어 있다. 도시가스와 마찬가지로 미량의 유취제를 첨가해 냄새가 나도록 했다.

1. 도시가스, LP가스의 위험성

① 주성분이 가연성 가스이며 누설 시는 화재, 폭발 위험이 있다.

② 도시가스의 일부는 일산화탄소를 포함한 가스도 있기 때문에 누설되기만 해도 일산화탄소 중독 위험이 있다.

③ 불완전 연소에 의해 일산화탄소 중독 위험이 있다.

④ 배기가스에 의해 산소 결핍 위험이 있다.

2. 도시가스·LP가스의 안전한 취급

① 가스 누설 검지기를 설치한다. 설치할 때 도시가스는 공기보다 가볍기 때문에 사용 기기보다 위쪽에, LP가스는 공기보다 무겁기 때문에 아래쪽에 설치한다.

② 실내에서 사용할 때는 환기에 주의한다.

③ 지정된 기구를 사용해 완전 연소 상태에서 사용한다. 불완전 연소 상태에서 사용하면 일산화탄소 중독 위험이 있다.

④ 가스가 누설했을 경우는 화기의 사용을 중지하고 창이나 문을 열어 환기한다(환기 팬이나 배풍기 등의 전기기기는 사용하지 않는다). 금속에 의한 불꽃, 전기의 스파크 등에 의해 발화하는 일이 있다.

⑤ 누설 가스가 발화했을 때는 신속하게 개폐 장치를 잠근다. 개폐 장치를 잠그지 않고 소화를 하면 가연성 가스가 그대로 계속 방출되므로 큰 재해를 일으킬 가능성이 있다.

⑥ 고무 호스(고무관)를 사용하는 경우는 탄 자국이나 심한 분열이 없는지, 가스마개에 확실히 삽입되어 있는지, 호스 밴드로 고정되어 있는지 확인한다. 사용하기 전에 비눗물 등으로 누설 검사를 실시한다.

3. LP가스 용기의 안전한 취급

① 통풍이 잘 되는 곳에 직사광선을 피해 바로 세워 저장한다.

② 세운 상태로 사용한다. 넘어뜨린 상태로 사용하면 액이 분출해 폭발 위험이 있다.

③ 용기와 접속된 부위에서 누설이 있을 경우는 접속 체결구를 조인다. 그래도 누설이 멈추지 않는 경우는 옥외의 화기가 없는 장소로 반출한다(대량 누설의 경우 접근하지 않는다).

④ 용기는 화기와 2m 이상 거리를 두고 설치한다.

⑤ 용기를 두는 곳에는 소화기를 비치한다.

⑥ 용기를 둔 곳 부근에서 화재가 발생했을 경우는 가능하면 안전한 장소로 반출한다. 반출이 불가능한 경우는 용기에 살수해 냉각한다. 또 폭발 위험이 있는 경우는 즉시 피한다.

사고 예

① LP가스에 의한 건조로가 점화하지 않았기 때문에 점화 버튼을 몇 번이나 누르던 중 갑자기 폭발했다. 누설 가스가 연소 하한 농도를 넘었기 때문이다.

② 실험실의 드래프트 챔버 내에서 버너를 이용해 유기물, 질산, 과염수산을 가열하던 중 열화한 가스 튜브에서 누설한 프로판 가스가 폭발했다.

호랑이를 들에 풀어놓는다

위험한 물건을 방치한 상태로 두는 것을 말한다. 또 재앙의 근원을 근절하지 않으면 나중에 큰 재난의 요인이 되는 것을 말한다.

고압가스, 도시가스도 여러 가지 잠재 위험성이 있다. 충분한 지식을 습득하고 안전하게 취급하는 것이 중요하다.

4장 액화 가스 등의 위험성과 안전한 취급

    액화 가스는 비점 이하의 저온 상태로 해 저온 액화 가스 용기(LGC) 등에 저장한 것이나 가스를 가압에 의해 액화한 것으로, 특성상 가연성, 지연성, 불연성을 가진 것이 있다. 따라서 액화 가스는 액화됨에 따라 동상 등의 잠재 위험과 가스의 특성에 기인하는 발화·폭발이나 산소 결핍의 잠재 위험이 있음을 이해하고 안전하게 취급해야 한다.

    또 냉매는 약품 등을 저온으로 냉각하기 위한 것으로 저온에 기인하는 잠재 위험이 따른다. 따라서 이 점을 이해하고 안전하게 취급해야 한다.

    여기에서는 액화 가스와 냉매의 잠재 위험과 안전한 취급에 대해 알아본다.

1) 액화 가스

① 저온 액화 가스 : 액체 공기, 액체 산소, 액체 질소, 액체 헬륨, 액체 아르곤 등

② 액화 석유 가스 : LP가스 등

③ 잠재 위험 : 동상, 산소 결핍, 발화·폭발 위험성

2) 기타 냉매

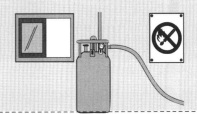

Question >> **34** 액화 가스의 위험성과 안전한 취급

⊙ *Answer*

액화 가스는 각 가스의 특성에 따른 주의사항 외에 액체 질소와 같은 저온 액화 가스는 저온이나 밀폐 상태로 했을 때 경솔하게 취급하면 동상이나 폭발 위험이 있다. 각 가스의 특징을 MSDS에서 확인하는 동시에 다음의 주의사항을 숙지하고 안전하게 취급할 필요가 있다.

1. 저온 액화 가스의 위험성
① 매우 저온이기 때문에 직접 접촉하면 동상 위험이 있다.
② 액화 가스를 밀폐 상태로 두면 압력이 상승해 폭발 위험이 있다.

2. 저온 액화 가스의 안전한 취급
① 저온 액화 가스 또는 저온이 된 부분을 취급할 때는 가죽 장갑을 사용한다. 목장갑은 바람직하지 않다.
② 저온 액화 가스에 직접 손, 손가락 등을 접촉하지 않는다.
③ 저온 액화 가스에 호스, 파이프 등을 찔러 넣지 않는다. 파이프 안에서 부풀어 오를 때 신체에 닿을 위험이 있다.
④ 용기를 밀폐 상태로 방치하지 않는다. 저온 액화 저장조를 밀폐 상태로 두어 저장

조가 폭발한 사고 예가 있다.

⑤ 액을 함부로 흘리거나 누설을 방치하지 않는다. 저온의 액이 흐르면 철은 휘어지고 도장, 콘크리트 등도 손상한다.

⑥ 유리로 만든 저온 액화 가스의 소형 가반 용기는 충격을 받으면 깨지기 쉬우므로 부딪치거나 넘어뜨리지 않는다.

⑦ 저온 액화 가스는 소량의 누설에도 기화하면 대량의 가스가 되므로 통풍이 잘 되는 곳에서 취급한다. 예를 들면, 질소는 불활성 가스여서 대량으로 누설하면 질식의 위험성이 있지만 액체 질소는 가스화하면 약 700배의 체적이 되기 때문에 소량의 누설에도 위험하다.

⑧ 실내에서 사용할 때는 산소 농도에 주의할 것. 사용하고 있는 불활성의 저온 액화 가스가 실내에서 기화하면 산소 농도가 저하해 질식 위험이 있다.

⑨ 저온 액화 가스 용기(LGC)는 구조가 복잡하고 충격에 약하기 때문에 부딪치거나 넘어뜨리지 않을 것. 액 저장부에 균열이 있어 폭발한 사고 예가 있다.

⑩ 저온 액화 가스 용기(LGC)를 보관할 때는 통풍이 잘 되는 장소에 보관한다(용기 내 압력이 상승하면 안전밸브가 작동해 가스를 방출한다).

⑪ 액체 질소 등을 대기 개방 상태에서 사용하면 공기가 액화해 액 중의 산소 농도가 높아질 가능성이 있으므로 주의한다.

사고 예

① 반도체 제조 시설의 클린룸에서 혼자서 실험하고 있던 연구자가 산소 결핍으로 사망했다. 대형 용기 내의 액체 질소를 가반형 보온병에 옮기던 중 실험에 액체 질소가 흘러넘쳐 기화하여 실내가 산소 결핍 상태가 되었기 때문이다.

② 유리로 만든 진공 라인으로 공기를 순환하면서 액체 질소로 반응기를 트랩했기 때문에 반응기 내에서 산소가 응축했다. 그 후 실온으로 되돌리면서 산소가 급격하게 기화해 유리 반응기가 파열했다.

Question >> 35 액체 산소의 위험성과 안전한 취급

◆ Answer

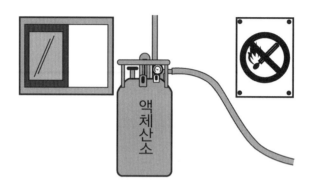

    액체 산소는 저온에 대한 주의나 밀폐 상태로 했을 때의 폭발 위험뿐 아니라 지연성 성질에도 주의가 필요해 경솔하게 취급하면 동상이나 발화, 폭발 위험이 있다. 다음의 주의사항을 숙지해 안전하게 취급한다.

1. 액체 산소의 위험성

① 매우 저온이기 때문에 직접 접촉하면 동상의 위험이 있다.
② 액화 가스를 밀폐 상태로 두면 압력이 상승해 용기가 파열될 위험이 있다.
③ 발화원, 가연물이 있으면 격렬하게 연소한다.

2. 액체 산소의 안전한 취급

    일반적인 액화 가스를 저온이나 밀폐 상태로 했을 때 용기의 파열에 관한 주의사항은 액화 가스 취급과 같다. 아래에 액체 산소 특유의 위험성과 안전한 취급에 대해 기술한다.

① 액체 산소를 취급하는 설비 근처에서 흡연 또는 불꽃 및 나화를 접근시키지 않는다.
② 산소 방출구 근처에 가연성 물질을 두지 않는다.
③ 설비는 유지류를 사용하고 있지 않는 금유품으로 하고, 먼지 등이 들어가지 않게

청정 상태에서 사용한다.

④ 산소 배관 접합부에는 가연성 누출 방지제를 바르지 않는다.

⑤ 액을 함부로 흘리거나 누설을 방치하지 않는다. 흘러넘친 장소에 유지류가 있거나 누설된 장소가 아스팔트인 경우에는 발화 위험이 있다.

⑥ 의류 등에 액체 산소를 접촉시키지 않을 것. 액체 산소가 스며든 의류는 화약이나 마찬가지다.

⑦ 액체 산소를 취급하는 사람은 그 자리를 떠난 경우에도 바로 흡연하거나 화기에 가까이 다가가서는 안 된다. 의복에 산소가 배어들어 있으면 발화 위험이 있다.

⑧ 냉각되지 않은 곳에 액화 산소를 부어 액체 산소에 열적 충격을 주지 않는다.

⑨ 냉각되지 않은 것을 액체 산소에 넣지 않는다.

⑩ 액체 산소를 냉각용으로 이용하지 않는다.

⑪ 실내에서 사용할 때는 산소 농도에 주의한다(산소 중독이나 발화 위험이 있다).

⑫ 저온 액화 가스 용기(LGC)는 구조가 복잡하고 충격에 약하기 때문에 부딪치거나 넘어뜨리지 않는다. 액 저장부에 균열이 생겨 진공층으로 액 유출 시에 압력 상승과 발화에 의해 큰 사고가 일어난 사례가 있다.

⑬ 액체 산소 용기를 수납하는 건물은 내화 및 통풍이 잘 되는 구조로 한다.

사고 예

① 액체 산소의 위험성 시험에서 짚에 액체 산소를 함침시키고 불을 붙였더니 폭발해 실험 담당자가 상처를 입었다.

② 대학 실험실에서 액체 산소를 충전한 냉각조 내에서 구상 흑연 주철의 취성 인장 파괴 시험을 실시하던 중 주철의 파단 조각이 격렬하게 연소해 폭발했다.

Question >> 36 냉매의 위험성과 안전한 취급

⬇ *Answer*

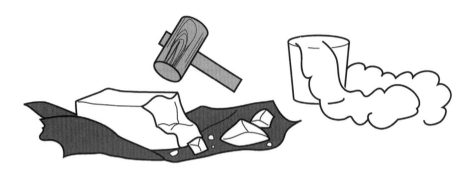

발열해 물질이 변화할 가능성이 있는 반응이나 상온에서 반응이 급속히 진행되는 반응, 또 재결정 등에 필요한 저온 조건을 얻으려면 액화 가스(액체 질소, 액체 산소, 액체 헬륨 등)는 적합하지 않다. 온도가 너무 낮아 반응 용액이 얼어 버리기 때문이다. 반응이 서서히 진행하는, 비교적 온화하고 일정한 온도 조건에서는 냉매를 이용한 냉동기나 한제를 사용해 냉각한다.

1. 냉동기

냉동기에는 암모니아, 탄화수소, 이산화탄소 등이 냉매로 이용되고 있다. 프레온류는 냉동기에 적절한 냉매이지만 오존층을 파괴하기 때문에 별도의 냉매로 대체되고 있다. 「특정 제품과 관계되는 프레온류의 회수 및 파괴의 실시 확보 등에 관한 법률」에 의해 폐기 프레온의 적정한 회수·적정한 폐기 처리가 의무화되어 있다.

① 취급 설명서를 잘 읽고 적절한 사용 방법에 따라 이용한다.
② 냉매 누설에 주의한다. 특히 운반·설치 등을 할 때는 냉매가 새지 않게 주의한다.

2. 한제

한제를 이용해 저온 상태로 하는 방법은 간편하여 실험실에서 자주 행해진다. 주요 한제에는 다음과 같은 것이 있다.

얼음에 소금이나 염화칼슘을 섞은 것

얼음의 응고점이 0℃인 것을 소금이나 염화칼슘을 사용해 응고점을 강하시켜 한층 더 낮은 온도로 한다.

얼음을 나눌 때는 플라스틱이나 유리로 된 용기 안에서 나누어서는 안 된다. 얼음을 부술 때 함께 깨져 버리는 일이 있다.

에탄올이나 메탄올, 아세톤에 드라이아이스를 혼합한 것

고체 이산화탄소인 드라이아이스를 이용해 저온으로 한다.

① 유기용매와 혼합하기 전에 자잘하게 드라이아이스를 나눌 때는 신문지 등으로 싸 나무망치를 사용해 부수면 좋다. 플라스틱이나 유리로 된 용기 안에서 나누면 함께 깨질 우려가 있다.

② 드라이아이스는 고체 이산화탄소이기 때문에 승화해 기체가 되면 체적은 급격하게 팽창한다. 드라이아이스가 섞인 냉매를 밀폐해서는 안 된다.

③ 냉매를 단시간 보존할 경우에는 용기에 코르크마개 등 밀폐도가 낮은 마개를 사용해 이산화탄소가 날아가도록 한다.

④ 이산화탄소에 의해 작업자가 질식하지 않도록 실험 시에는 환기를 실시한다.

⑤ 저온을 얻기 위해서 유기용매와 혼합하기 때문에 유기용매가 인화하지 않도록 주의한다. 특히 사용 후 방치해 드라이아이스가 모두 승화하면 다량의 유기용매가 상온에서 입구가 넓은 용기로 유입되어 인화 위험이 높아진다.

사고 예

① 대형 유리 보온병에 드라이아이스를 보관하던 중 갑자기 폭발해 실험자가 유리 파편에 부상을 입었다. 유리 보온병은 사소한 흠집에도 충격이나 온도의 급격한 변화에 의해 파열하는 일이 있으므로 스테인리스 제품을 사용하는 것이 바람직하다.

② 대형 냉동고에서 냉매인 프레온이 누설해 냉동고실에 들어간 작업자가 산소 결핍으로 사망했다.

방심은 금물

한순간의 방심이 큰 재난을 부르므로 방심은 큰 적이다.

액화 가스 등도 여러 가지 잠재 위험성이 있다. 충분한 지식을 습득하고 안전하게 취급하는 것이 중요하다.

5장 폐기물의 안전한 처리

대학 등의 화학실험에서 배출되는 폐약품은 비교적 소량이지만 종류가 다양한 것이 특징이다. 또 폐약품에는 인화, 발화, 폭발의 잠재 위험이나 혼합에 의해 발화나 폭발의 잠재 위험이 있는 것도 있다. 따라서 폐약품의 특성을 이해하고 분별 저장해 처리하는 것이 중요하다.

폐약품에는 여러 가지 물질이 혼입되어 있어 저장 시 뿐만 아니라 처리 시에 발화나 폭발 등을 일으키는 일도 있다. 때문에 혼입물에 관한 정보가 있는 사용 현장에서 원점 처리에 유의할 필요가 있다. 폐기물 처리 센터 등에 처리를 의뢰하는 경우에는 처리법에 따라 적절하게 분별하는 동시에 폐약품의 주요 약품뿐 아니라 혼입물에 대한 정보도 제공해야 한다. 또 약품 등의 하수도 배출에 의한 영향을 방지하기 위해 배수 기준값이 정해져 있고, 또 유해물을 배수로 배출하는 것이 규제되고 있어 규제를 준수해 배수해야 한다. 또 배기가스는 적절한 제해 설비로 처리한 후 배기 설비를 통해 배출할 필요가 있다.

여기에서는 폐약품의 잠재 위험과 법 규제, 폐약품의 처리와 환경 안전에 대해 살펴본다.

1) 폐약품의 잠재 위험과 법 규제

① 폐약품의 잠재 위험 : 인화, 발화, 폭발, 혼촉 위험

② 폐기물 관련 법령 : 배수에 관한 수질오탁방지법; 하수도법 및 폐기물의 처리 및 청소에 관한 법률

2) 폐약품의 처리와 환경 안전

① 실험 폐액의 취급 : 폐약품의 감량, 분류 저장, 발생원 처리, 폐기물 처리 센터에 배출

② 실험 배기가스의 처리

③ 환경오염 방지를 위한 측정

Question >> 37 폐기물의 위험성

🔽 *Answer*

폐기물에는 온갖 것이 포함되어 있고 형상도 다르다. 또 폐기물을 구성하는 화학물질은 다종다양하다. 폐기물 자체에 발열·발화 위험성이나 폭발 위험성, 유해 위험성이나 환경오염 위험성이 있는 경우가 있다. 폐기물을 처리하는 과정도 혼합·파쇄 등 다종다양하고 그 과정에서 화재·폭발성 유해물이나 환경오염물질이 발생하는 경우도 많다. 이와 같이 폐기물 처리에 수반해 필연적으로 발생하는 위험성 외에 일반 폐기물 소각 시설에 다량의 성냥이나 불씨 등의 위험물이 혼입되는 사례 등 인위적인 위험성이 증대하는 예도 적지 않다. 배출자의 도덕과 관련될 수 있다는 점을 가슴 깊이 새겨 폐기 처리를 할 필요가 있다.

1. 폐기물의 위험성

폐기물은 혼합물이나 성질과 상태가 불분명한 물품이 적지 않다. 또 혼합물이라고 해도 불균일 혼합물(수용액과 유상 물질, 액체와 고체 등) 형태로 배출되는 경우도 많다. 처리하는 작업자에게 예상치 못한 위험이 일어날 수 있어 항상 주위를 기울여야 한다. 주요 위험성은 이하와 같은 것이 있다.

   ① 발열 위험성   ② 폭발 위험성

   ③ 인화 위험성   ④ 발화 위험성

   ⑤ 혼촉 위험성   ⑥ 유해 위험성

⑦ 환경오염 위험성　　⑧ 부상 위험성

2. 폐기물 취급 시의 위험성

회수·집적·혼합
① 취급하는 폐기물의 종류가 다양해 위험물이 혼입하기 쉽다.
② 휘발성 물질의 취급 시에는 중독 우려가 있다.
③ 폐기물의 퇴적·보관 시에 축열에 의한 위험성이 증대한다.
④ 혼합에 의해 반응이 일어나 폭주반응을 일으킨다.

파쇄
① 파쇄에 의해 생긴 분진이 폭발할 우려가 있다.
② 파쇄 과정에서 폐기물의 온도가 상승한다.
③ 스프레이 캔이나 라이터, 리튬 전지 등 처리 부적합물의 혼입에 의해 화재·폭발할 우려가 있다.

소각 처리
① 가연성 물질 혹은 발화·폭발 위험성 물질이 소각 시설에 반입되어 발화·폭발이 일어난다.
② 유해 물질이 생성될 위험이 있다.

기타 위험 등의 요인
① 폐기물 취급 시 전문 기술자, 안전 관리자가 부족하다.
② 폐기물 처리 방법이 다양하기 때문에 표준적인 작업 순서를 작성하기 어렵다.
③ 혼합물이나 성질과 상태가 불분명한 것이 많아 위험물에 관한 법률의 적용이 곤란하다.
④ 위험물이라고 의식하지 않고 폐기한 것이 위험한 거동을 일으킨다. 잘게 자른 종이 쓰레기가 저장 피트에서 격렬한 분진 폭발을 일으킨 예도 있다.

사고 예

① 옥외에 방치되어 있던 탄화 알루미늄을 포함한 폐기물이 빗물에 의해 발화해 화재가 일어났다. 소화를 위해 물을 뿌렸는데 화염이 더 확대했기 때문에 무래루 피복했지만 소화하는 데 시간이 걸렸다.
② 오래 써서 낡은 기계유를 함침한 옷감이나 폐유 재생을 위해 열화물 제거에 사용한 활성 백토 등이 축열 발화한 사고도 적지 않다.

🔻 *Answer*

혼촉 위험이란 2종류 이상의 화학물질이 혼합하여 원래 상태보다 위험한 상태가 되는 것이다. 조합에 따라서는 혼합에 의해 발화하기도 하고 위험한 물질을 생성하기 때문에 위험하다. 폐기물의 혼촉 위험은 다음과 같은 특징이 있다.

1. 혼촉 위험이 생기는 경우가 많다
① 폐기물을 처리하는 과정에서는 무해화 처리를 위해 약품을 혼합시키는 등의 작업이 수반된다.
② 여러 가지 폐기물을 한꺼번에 처리하려고 여러 종류의 폐기물을 폐기물 전용 용기 등에 모아두는 경우가 많다.

2. 복잡한 구성 물질
① 경험적으로 어떠한 물질을 혼합하면 위험한지는 알려져 있다. 그러나 폐기물의 경우에는 구성물이 복잡하기 때문에 단순하게 위험성을 판단할 수 없다.
② 폐기물을 구성하는 화학물질은 다종다양하다.
③ 원래 출처나 성분이 불분명한 것도 많다.
④ 양이 가지각색이다.
⑤ 액체 중에 고체가 섞여 있는 등 균일하지 않은 경우가 있다.

3. 혼촉 위험 방지 대책

분별 회수

무분별한 혼합에 의해 혼촉 위험이 생기는 것을 막기 위해 함부로 혼합해 배출하지 않는다. 폐기물은 종류에 따라 처리 방법이 다르기 때문에 무분별하게 혼합된 폐기물 처리 시에는 사고로 이어진다.

폐기물의 정보 제공

처리를 담당하는 작업자가 적절하고 안전하게 작업할 수 있도록 충분한 정보를 제공한다.

① 내용물의 명칭
② 용액의 경우는 성분의 비율
③ 양

실험실 등에서는 폐수통 등에 실험 폐액을 모아 두는 경우가 많다. 폐액을 버릴 때는 해당 실험자가 내용·양을 기입하는 것이 좋다.

폐기물 위험성의 인식

폐기물은 목적을 달성한 후의 불요물이기 때문에 별 관심을 갖지 않는다. 그러나 폐기물을 혼합하거나 혹은 폐기물에 여러 가지 물질이 혼입해 있으면 혼촉 위험이 생긴다는 점을 인식하고 주의 깊게 취급한다.

사고 예

① 폐기물용 용기에 유기 과산화물을 포함한 폐액을 투입했는데 중합성 물질이 들어 있었기 때문에 돌발적인 중합이 일어나 밀폐 용기가 파열했다.
② 폐옥시염화인을 유리병에 모아 회수하였는데, 다른 연구원이 병 안에 실수로 물을 넣었기 때문에 폭발해 6명이 부상을 입었다.

Question >> 39 폐기물 관련 법적 규제

⬇ Answer

일본에서는 폐기물 취급이나 재자원화 및 처리 시 안전을 확보하기 위해서 폐기물처리법을 중심으로 한 법 규제를 통해 폐기물에 의한 재해나 건강 장애, 환경오염의 방지를 도모하고 있다.

1. 폐기물과 관계되는 기본적인 법규

환경기본법

자연 환경의 보전이나 지구 환경 등에 대응한 환경 행정의 틀을 정한 법률.

순환형사회형성추진기본법

순환형사회의 형성에 대한 기본 원칙을 정해 나라, 공공단체, 사업자 및 국민의 책무를 분명히 하고 순환형사회의 형성에 관한 시책의 기본 사항을 정한 법률.

2. 폐기물과 관계되는 중심적인 법규류

폐기물처리법

정식 명칭은 「폐기물의 처리 및 청소에 관한 법률」이며 폐기물 취급 · 처리에 관한 법률. 폐기물의 배출을 억제해 폐기물의 적절한 분별 · 보관 · 수집 · 운반 · 재생 · 처리 · 처분 등을 실시하는 것에 의해 생활환경의 보전 및 공중위생의 향상을 꾀하는 것을 목적으로 한다.

「자원화·리사이클에 관한 법률」. 폐기물의 발생 억제 및 환경의 보전에 투자하는 것을 목적으로 하며 사용한 물품 등이나 부산물의 발생을 억제해 리사이클 자원 및 리사이클품의 이용을 촉진하는 것이다.

3. 폐기물과 관계되는 주된 개별법

① 용기 포장 리사이클법(용기 포장과 관계되는 분별 수집 및 재상품화의 촉진 등에 관한 법률)

② 가전제품 리사이클법(특정 과정용 기기 최상품화법)

③ 건설 자재 리사이클법(건설공사와 관계되는 자재의 재자원화 등에 관한 법률)

④ 식품 리사이클법(식품 순환 자원의 재생 이용 등의 촉진에 관한 법률)

⑤ 자동차 리사이클법(사용한 자동차의 재자원화 등에 관한 법률)

4. 폐기물 처리의 시설 정비에 관한 법률

① 산업 폐기물의 처리와 관계되는 특정 시설의 정비 촉진에 관한 법률

② 환경영향평가법

5. 폐기물 처리에 수반하는 환경 부하에 관한 법률

① 대기오염방지법

② 수질오탁방지법

6. 유해 폐기물을 중심으로 한 국제적인 규약

바젤 조약

정식 명칭은 「유해 폐기물의 국경을 넘는 이동 및 그 처분의 규제에 관한 바젤 조약」이며, 국경을 넘나드는 유해 폐기물의 수출입·운반·처분을 규제하는 조약이다. 일본은 가입 시에 국내에서 바젤 조약 실시를 위해 「유해 폐기물 등의 수출입 등의 규제에 관한 법률」을 제정했다.

런던 조약

정식 명칭은 「폐기물 기타 물건의 투기에 의한 해양 오염의 방지에 관한 조약」이며, 해양 오염의 방지 조치를 강화해 유해 폐기물의 해양 투기를 금지하는 것이다.

Question >> **40** 수질오탁방지법

↓ *Answer*

수질오탁방지법에서는 국민의 건강 보호와 생활환경의 보전을 목적으로 「공장 및 사업장」으로부터 「공공용 수역에의 배출 및 지하수에의 침투」를 규제하고 있다. 이와 함께 생활 배수 대책을 추진하여 공공용 수역 및 지하수의 수질 오탁 방지를 꾀하는 것을 정한 법률이다. 1971년 6월에 시행되었다

공공용 수역이란 하천, 호수와 늪, 항만, 공공의 구거(溝渠), 관개용 수로, 그 외의 공공용 수로를 말하고 공공용 하수도나 유역 하수도는 제외하고 있다.

배수에 의해 사람의 건강에 피해가 생겼을 경우 사업장의 손해배상 책임이나 지정된 수역에서 사업장으로부터 배수에 관한 총량 규제에 대해서도 규정하고 있다.

1. 수질오탁방지법의 적용을 받는 사업장

① 특정 시설에서 공공용 수역에 물을 배출하는 사업장

② 유해물질을 제조·사용·처리하는 특정 시설로부터 오수를 지하에 침투시키는 사업장

③ 저유시설을 설치한 사업장에서 사고 등에 의해 기름을 포함한 물을 배출하는 사업장

여기서 특정 시설이란 유해물질을 포함한 오수나 폐수를 배출하는 시설·기타 생활환

경에 피해를 일으킬 우려가 있는 오수나 폐액을 배출하는 시설로 제조업·광업 외에 축산 농업, 여관업 등 광범위하게 걸쳐 정령으로 지정하고 있다.

2. 수질오탁방지법의 규제 항목

건강 항목

「특정 시설」의, 사람의 건강과 관련된 피해를 일으킬 우려가 있는 물질(중금속, 유기화학물질 등)

생활환경 항목

「특정 시설」의, 물의 오염 상태를 나타내는 항목(pH, BOD, COD, 부유물질량, 대장균군수 등), 다만 규제 대상은 배수량이 하루 평균 50톤 이상

총량 규제

「지정 지역 특정 시설」에서의 배수(토쿄만·이세만·세토나이카이와 관계가 있는 지역)

지하 침투수의 규제

「특정 시설」의 배수에 관해서 「건강 항목」에 정해진 유해물질의 지하 침투 금지

3. 수질오탁 방지법 적용 사업장의 의무

적용을 받는 사업장은 다음의 사항을 실시할 의무가 있다.

① 특정 시설에 대한 신고
② 측정 및 기록
③ 배수 기준의 준수
④ 사고 시의 신고

Question >> **41** 하수도법

⬇ *Answer*

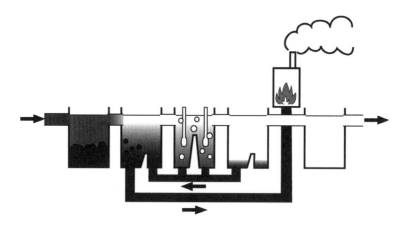

　이 법률은 유역 하수도 정비 종합 계획의 책정에 관한 사항 및 공공 하수도, 유역 하수도나 도시 수로의 설치 및 그 외의 관리 기준을 정해 하수도의 정비를 꾀하는 것으로 도시의 건전한 발달 및 공중위생의 향상에 기여하고 아울러 공공 수역의 수질 보전에 이바지하는 것을 목적으로 하고 있다. 구 하수도법(1900년 제정)을 폐지하고 1959년 4월에 시행되었다

　「하수」란 생활 혹은 사업에 기인해 부수하는 폐수 또는 빗물을 말하며, 「오수」란 하수 중 빗물 이외의 것을 말한다.

1. 수질오탁방지법과의 차이

　수질오탁방지법도 하수도법과 마찬가지로 수질을 보전하는 것을 목적으로 하는 법률이지만, 수질오탁방지법은 직접 하천 등에 배출하는 사업소를 대상으로 하고 있다. 종말 처리장에서 처리하지 않으면 하천 등의 공공 수역에 방류할 수 없는 「공공 하수도」, 「유역 하수도」는 규제 대상에서 제외된다.

공공 하수도

　지방공공단체가 관리하는 종말 처리장을 가진 하수도로 주로 시가지에서 하수를 받아들여 처리하기 위한 것

90　　　화학 실험실의 안전

지방공공단체가 관리하는 종말 처리장도 하수도로 여러 시읍면의 하수를 받아 처리 · 배출하기 위한 것, 광역적인 하수도

2. 하수도법의 법률 적용을 받는 사업장

공공 하수도를 사용해 아래와 같은 하수를 지속적으로 배출하는 사업장은 이 법률의 적용을 받는다.

① $50m^3$/일 이상의 오수를 배출하는 사업장
② 정령에 정해진 수질의 하수를 배출하는 사업장
③ 수질오탁방지법에 명시된 특정 시설을 설치한 사업장

3. 하수도법 적용 사업장의 의무

적용을 받는 사업장은 다음의 사항을 실시할 의무가 있다.
① 사용의 개시, 수량, 수질의 변경 신고
② 특정 시설에 대한 신고
③ 제해 시설의 설치
④ 측정 및 기록
⑤ 배수 기준의 준수
전국 일률 기준과 도도부현의 조례에 의한 추가 기준이 있다.
⑥ 사고 시의 신고

4. 배수의 기준

전국 일률 기준

① 사람의 건강에 관계되는 항목으로서 배출수에 포함되는 알킬수은이나 PCB, 카드뮴 등의 유해물질(24물질) 함유량 기준
② 생활환경과 관계되는 항목으로서 배출수의 pH나 BOD 등의 기준

도도부현의 조례에 의한 가산 기준

도도부현의 조례로 구역을 지정해 전국 일률 기준보다 엄격한 허용 한도를 기준으로 정해 놓았다.

폐기물 처리 및 청소에 관한 법률

⬇ *Answer*

일반적으로 폐기물처리법으로 불리는 법률로 1971년 9월에 시행된 폐기물의 배출을 억제하고, 폐기물의 적정한 분별, 보관, 수집, 운반, 재생, 처리, 처분 등을 실시하여 생활환경을 청결하게 함으로써 생활환경의 보전 및 공중위생의 향상을 꾀하는 것을 목적으로 하고 있다. 폐기물을 「일반 폐기물」, 「산업 폐기물」 등으로 구분해 각각의 자치단체나 배출자의 처리 책임에 대해 규정하고 있는 외에 환경보전을 위한 여러 가지 조치에 대해 정하고 있다.

2000년대는 여러 차례 개정되었는데, 예를 들면 최종 처분장 철거지의 형질 변경을 하려면 도도부현 지사 등에 신고하는 것이 의무화되었다. 또 2006년에는 석면 함유 폐기물과 관계되는 처리 기준이 정해졌다

1. 폐기물의 정의와 종류

산업 폐기물

사업 활동에 수반해 배출되는 폐기물 가운데 재, 진흙, 폐유, 폐산, 폐알칼리, 폐플라스틱류 등 19종류의 폐기물

특별 관리 산업 폐기물

산업 폐기물 가운데 폭발성, 독성, 감염성이 있어 사람의 건강 또는 자연 환경과 관계된 피해를 일으킬 우려가 있는 것. 불타기 쉬운 폐유, 폐산(pH2 이하). 폐알칼리(pH

12.5 이상). 감염성 폐기물 등 법령으로 정해져 있다.

특정 유해 산업 폐기물

특정 관리 산업 폐기물 가운데 중금속 등을 포함한 진흙, 집진재, 폐석면, PCB 오염물 등 법령으로 정해져 있다.

일반 폐기물

산업 폐기물 이외의 폐기물로 사람의 일상생활에 수반해 배출되는 쓰레기. 사업소에서 나오는 휴지, 골판지, 톱밥, 차 찌꺼기 등의 잡쓰레기 등과 그 밖에 대형 폐기물, 분뇨 등도 포함된다.

특별 관리 일반 폐기물

폭발성, 독성, 감염성이 있어 사람의 건강 또는 자연 환경과 관계된 피해를 일으킬 우려가 있는 일반 폐기물

2. 폐기물 배출 사업자의 의무

배출 사업자는 사업 활동에 수반해 생긴 폐기물을 책임감을 갖고 적정하게 처리할 필요가 있고 배출 사업자에게는 다음의 사항이 의무화되어 있다.

① 폐기물의 리사이클, 감량화를 실시한다.

② 폐기물이 되었을 때에, 적정 처리가 곤란하지 않은 제품의 개발 및 적정 처리를 위한 정보를 제공한다.

③ 산업 폐기물의 운반, 처리를 업자에게 위탁하는 경우 위탁하려고 하는 산업 폐기물에 대해 허가를 받았는지 허가 내용을 확인한 후 위탁 계약을 맺는다.

④ 폐기물이 운반될 때까지 보관 기준에 따라 생활 환경상 지장이 없게 보관하고, 보관 장소에는 폐기물의 종류, 관리자명, 연락처를 기재한 게시판을 설치한다.

폐기물 처리 시 환경
안전상 생각해야 할 점

⬇ *Answer*

폐기물의 처리란 원래 폐기물을 손질하여 자연 환경에 환원할 수 있도록 변환하는 것이 목적이다. 그러나 자원 소비량의 증가 등에 의해 배출되는 폐기물량이 증대하고 종류도 다양해졌다. 때문에 곤란한 폐기물의 적정 처리에 임하는 동시에 폐기물의 배출을 억제하고, 또 유효 이용하는 시스템에 적극적으로 대응해야 한다.

「자원유효이용촉진법」에서는 처리의 우선순위를 아래와 같이 규정하고 있다.

① 발생 억제(Reduce : 리듀스)

② 재사용(Reuse : 리유스)

③ 재생 이용(Recycle : 리사이클)

④ 열회수

⑤ 적정 처분

1. 폐기물량의 억제

소모품은 가능하면 소량을 여러 차례 구입하도록 한다. 전체적으로 구입비용이 비싸지만 전혀 사용하지 않고 폐기하는 경우를 생각하면 처리비용이 들기 때문에 결과적으로 구입비용을 낮출 수가 있다. 또 항상 신품에 가까운 것을 사용할 수 있다.

① 남을 것 같은 대량의 물품을 구입·준비하지 않는다.

② 재고 관리를 실시해 쓸데없는 물품을 구입하지 않는다.

③ 실험은 작은 규모로 실시한다.

2. 폐기물의 분류

고형 폐기물·액체 폐기물 등을 배출하는 사람은 서로 혼합하지 않게 해 폐기물 처리 담당자나 전문업자에게 인도한다. 또 용기 등에 내용을 명기한다.

① 금속이나 유리, 목재 등 재료가 다른 것

② 폐유, 폐산, 폐알칼리

③ 주사바늘이나 깨진 유리 등을 처리할 때 다칠 수 있는 것

④ 수은을 포함하는 것

⑤ 석면(asbestos)을 포함하는 것

3. 폐기물의 처리

처리 시의 발화·폭발 위험성을 줄이고 오염물질을 대기·하수 등에 처리되지 않은 채 배출하지 않도록 가능한 한 실험자가 할 수 있는 부분은 시행한다.

가스 카트리지

소형 봄베는 남아 있는 가스를 충분히 제거하고 폐기한다.

실험 폐기물

실험에서 나온 폐기물 중 실험실에서 무해화할 수 있는 것은 무해화한다.

바이오 관련 폐기물

멸균·소독 처리를 해 폐기물의 수집·운반 시에 대상자가 상해 사고를 일으킬 위험에 노출되는 일이 없도록 한다.

세정액

실험에 사용한 용기를 씻으려면 시료를 없앨 수 있는 용매를 이용해 충분히 용기에서 시료를 제거한다. 오염된 세정액은 하수에 흘려보내지 않고 적절히 처리한다.

🔻 *Answer*

　실험 폐액을 실험실에서 배출하는 경우 부속된 실험 폐기물 처리 시설의 유무에 관계 없이 폐기물을 처리하기 쉬운 형태로 분별해서 배출한다. 처리가 제대로 될지 어떨지는 배출원인 실험실에서 얼마나 정확히 분별했는지가 문제가 된다. 제대로 분별하지 않아 예상 외의 물질이 혼입했을 경우에는 제대로 처리할 수 없을 뿐 아니라 큰 사고로 이어 지는 경우도 있다. 실험실에서 실험 폐액을 적정하게 처리 분별해 배출하려면 보통은 무 기계 폐수와 유기계 폐수를 나누는 것부터 시작된다. 이것은 폐기물처리법에서 말하는 폐산, 폐알칼리, 폐유에 해당한다.

1. 폐액의 배출에 관한 일반적인 주의사항

　하나의 폐액 용기에 여러 가지 폐액을 혼합하지 않는다. 폐액의 종류에 따라서는 여러 가지 위험이 생기는 경우가 있다.

　① 발열·발화 위험에 주의한다.

　② 부식성 물질의 생성에 주의한다.

　③ 유해성 물질의 생성에 주의한다.

　④ 중합에 의한 발열이나 고형물의 생성에 주의한다.

　⑤ 분별 구분이 같아도 혼합하지 않고 별도 폐액으로 배출하는 것이 처리가 용이한 경 우가 많다.

⑥ 폐액이 2층 이상으로 분리되는 폐액은 용기를 나누는 것이 좋다.
⑦ 내용물을 알 수 있는 형태로 세분화해야 후처리가 용이하다.

2. 폐액의 분별에 관한 주의사항

배수는 희석을 하면 규제값을 충족시키는 경우도 있지만 이러한 화학물질이 하수에 흘러드는 것은 환경 보전상 바람직하지 않다. 따라서 가능한 한 회수해 무해화하는 것이 좋다. 분별 회수 시에 주의하지 않으면 안 되는 물질·폐액을 아래에 나타낸다.

① 하수도법으로 정해진 규제치가 어려운 물질(ppb 오더로 규제되고 있는 것 등)을 포함한 폐액에 주의한다. 예를 들면 수은, 납, 6가 크롬, 디클로로메탄, 트리클로로에틸렌, 테트라클로로에틸렌 등
② 유해성이 뚜렷한 물질을 포함한 폐액
③ ①, ② 외에 하수도법에 의해 규제되고 있는 물질을 포함한 폐액
④ 유해한가 무해한가의 정보가 확실치 않은 물질을 포함한 폐액
⑤ 유해성이 의심되는 물질을 포함한 폐액
⑥ 생물 분해가 어려운 유기물을 포함한 폐액
⑦ 휘발성 물질을 포함한 폐액
⑧ 생물 분해가 용이한 유기물을 다량으로 포함한 폐액

사고 예

① 폐산의 처리에서는 황산이 황화물과 접촉해 황화수소를 발생하는 사고가 많다.
② 폐알칼리 처리에서는 아래와 같은 사고가 발생하고 있다.
　아질산염을 포함한 폐알칼리와 산의 혼합에 의한 이산화질소의 발생
　아황산염을 포함한 폐알칼리의 중화 처리에 의한 아황산 가스의 발생
　차아염소산염을 포함한 폐알칼리의 중화 처리에 의한 아황산 가스의 발생
③ 대학 연구실에서 실험 종료 후 폐액을 플라스틱 탱크에 폐기할 때 플라스틱 탱크에 남아 있던 불화수소와 화학반응을 일으켜 불소 가스가 발생, 2명의 얼굴을 직격하고 6명이 부상했다.

Question >> 45 실험 배기가스의 실험실 처리

🔻 Answer

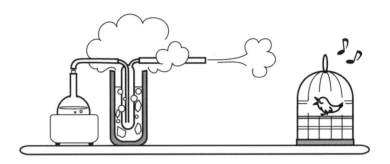

　실험에 따라서는 취급하는 물질이 유해성을 갖는 경우나 반응에 의해 유해성 물질이 발생하는 경우가 있다. 이러한 경우에는 실험실 내의 공기 질이나 실험실에서 실외로 배출되는 공기의 질에도 주위를 기울일 필요가 있다.

1. 배기가스에 관한 일반적인 주의사항
　① 유해성 가스나 증기가 발생할 우려가 있는 경우에는 국소 배기 장치 내에서 실시한다.
　② 배기가스 발생 장소에서 유해성 물질이 실험실 안팎으로 누설되지 않게 배기가스에 적절한 흡수·분해·세정 등의 제해 방법을 미리 조사해 둔다.

2. 배기가스 발생원에서의 처리
　배출 가스가 소량인 경우에는 국소 폐기 설비 내의 발생 장소에서 배기가스에 적합한 흡수제를 통해 흡수하는 등의 방법으로 처리한다.
　냉매에 의한 트랩
　비점이 낮은 기체는 드라이아이스-아세톤과 같은 냉매로 냉각한 트랩으로 액화 포집이 가능하다.
　연소 처리
　일산화탄소는 연소 처리를 하고 나서 배출하는 것이 바람직하다.

물 세정

대다수의 가스는 물 세정에 의해 제거할 수 있다.

① 메탄올은 샤워를 통해 하수에 방출한다.

② 클로로황산은 물로 분해할 수 있으므로 처리수를 중화한 후 배출한다.

산 세정

알칼리성 가스 및 증기(암모니아, 피리딘)는 황산 등의 산에 의한 세정으로 포집한다.

알칼리 세정

불화수소, 황화수소 등의 산성 가스나 할로겐 등은 알칼리 수용액에 의한 세정으로 포집한다.

알칼리성 차아염소산 수용액에 의한 처리

시안화수소, 메르캅탄에 이용한다.

아황산수소나트륨에 의한 처리

포름알데히드, 아크로레인에 이용한다.

냉각 포집

이황화탄소, 벤젠, 페놀의 포집에 이용한다.

질산 처리

황인은 질산 처리에 의해 오르토인산으로 한다.

니켈카르보닐의 처리

니켈카르보닐은 300℃ 이상으로 가열한 관중을 통해 카르보닐 증기를 분해해 분젠 버너에 의해 연소한다. 피부나 의류에 부착하지 않게 세심한 주위를 기울인다.

사고 예

특수 재료 가스인 모노실란 가스 등의 자연 발화성 기체는 미반응 폐가스를 흡착한 흡착제를 처리하는 중 화재가 발생하거나 진공 펌프에서 발화하는 사고가 일어났다.

Question >46 환경오염 방지를 위한 환경 측정

🔻 Answer

환경오염 방지를 위한 환경 측정이란 환경 감시 역할에 해당하는 작업으로, 구체적으로는 하수의 수질 감시를 위한 분석과 작업 환경 측정으로 나눌 수 있다.

1. 하수의 수질 분석에 대해

수질오탁방지법에서는 배출 기준을 정하는 측정 항목으로서 「사람의 건강에 관계되는 항목」과 「생활환경과 관계되는 항목」으로 나누어 규제하고 있다. 하수도법 시행령에서도 수질오탁방지법과 유사한 항목이지만, 적용 시설이 종말 처리 시설을 갖고 있으므로 생활환경 항목에 대해서는 완화된 기준값이 설정되어 있다.

2. 작업 환경 측정에 대해

작업 환경 측정은 노동안전위생법 제2조에서 「작업 환경 측정 실태를 파악하기 위해 공기 환경 그 외의 작업 환경에 대해 실시하는 디자인·샘플링 및 분석」이라고 정의하고 있다. 이 측정에 의해 작업 환경 상태·실내 환경을 적확하게 파악하고 그 결과에 대응해 환경을 개선하여 작업자의 건강 장해를 방지하는 것을 목적으로 하고 있다. 이러한 측정은 폐기물의 분별 수집 등의 처리를 어느 정도 철저히 하고 있는지를 감시하는 작업이 된다. 환경 측정이 의무화된 작업장은 아래와 같다.

작업 환경 측정을 해야 하는 작업장

아래 10가지 작업장에서 일반적으로 연 2회 측정을 실시하고 기록을 일정 기간 보존하도록 정해져 있다.

① 분진을 현저하게 발생하는 옥내 작업장

② 혹서, 한랭 또는 다습한 옥내 작업소

③ 현저한 소음을 발생하는 옥내 작업장

④ 갱내 작업장

⑤ 중앙 관리식 공조설비 아래층의 사무소

⑥ 방사선 업무

⑦ 특정 화학물질을 제조 또는 취급하는 작업장

⑧ 일정한 납 업무를 수행하는 작업장

⑨ 산소 결핍 위험 장소의 해당 작업장

⑩ 유기용제를 제조 또는 취급하는 작업장

지정 작업장

또한 아래 5가지 지정 작업장에 대해서는 작업 환경 측정사, 작업 환경 측정기관이 측정하도록 정해져 있다.

① 분진을 현저하게 발생하는 옥내 작업장

② 방사성 물질 취급실

③ 특정 화학물질을 제조 또는 취급하는 작업장

④ 일정한 납 업무를 실시하는 작업장

⑤ 유기용제를 제조 또는 취급하는 작업장

마무리가 중요

완성 직전에 특별히 주의하여 제대로 하는 것이 중요하다. 모든 것은 최후에 결정된다.

이기기 위해 투구 끈을 다시 맨다

싸움에서 느슨해진 투구 끈을 다시 매고 한층 더 전의를 새롭게 다진다는 것을 말한다. 즉, 싸움에 이기고 있어도 분명히 승리가 확실해질 때까지 방심해선 안 된다는 것을 말한다.

승리가 결정될 때까지 방심하지 않는다.

모든 일은 거의 완성되기 직전에 깨지기 마련이다. 처음부터 마지막까지 긴장을 늦추지 않고 방심하지 않으면 질 리 없다.

폐기물은 여러 가지 물질을 함유하고 있어 잠재 위험성이 크다. 화학실험은 폐약품을 적정하고 안전하게 처리해야 비로소 완결된다. 끝까지 신중하게 실시하는 것이 중요하다.

6장 실험기구·장치 및 조작의 안전

화학실험에서는 다양한 특성을 가진 약품을 여러 가지 방법으로 취급한다. 따라서 이들 약품을 취급하는 기구류는 유리 기구, 플라스틱 기구, 금속 기구 등 여러 가지 재질의 것이 이용된다. 이러한 재질의 기구는 그 성질이 다르기 때문에 취급하는 약품류, 사용 온도, 작용하는 힘에 대해 각각 사용 범위가 있다.

따라서 실험기구를 선택하려면 약품의 성질이나 조작을 이해하고, 사용 재료의 특성을 파악한 다음 최적의 실험기구를 선택해 적절히 사용하는 것이 중요하다. 또 기구의 형상에 따라 사용 범위가 다르므로 주의가 필요하다.

기본 실험 조작에는 가열, 냉각, 용해, 교반, 추출, 증류, 여과, 증발·농축, 재결정, 건조, 세정, 기타가 있지만 각 조작이 가지는 의미와 취급하는 약품의 특성을 충분히 파악해 조작하는 것이 안전상 중요하다.

또 고압 용기나 진공 상태에서 약품을 취급할 때는 고압 혹은 진공계에서 용기 취급 문제나 고압 시나 진공 시의 약품의 특성 변화를 이해한 후 고압 용기 등이나 진공계에서 안전한 조작을 실시하지 않으면 안 된다.

여기서는 실험기구와 안전한 취급, 기본 실험 조작과 안전, 고압 실험장치와 안전한 취급 및 진공 실험장치와 안전한 취급에 대해 배운다.

1) 실험기구와 안전한 취급

① 유리 기구 ② 플라스틱 기구 ③ 금속 기구

2) 기본 실험 조작과 안전

① 가열 ② 냉각 ③ 용해 ④ 교반 ⑤ 추출 ⑥ 증류

⑦ 여과 ⑧ 증발·농축 ⑨ 재결정 ⑩ 세정 ⑪ 건조 ⑫ 기타

3) 고압 실험장치와 안전한 취급

① 오토클레이브 ② 고압 기기류

4) 진공 실험장치와 안전한 취급

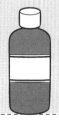

⊘ *Answer*

화학 실험을 실시할 때 빼놓을 수 없는 도구가 실험기구이다. 용도에 대응해 여러 가지 종류가 있어 이과학 기기 제조사의 기성품을 구입하는 것이 보통이지만 실험 환경에 맞추어 직접 조립하는 형식의 기구 그리고 재료를 구입해 직접 가공·제작하는 경우도 있다. 어느 경우든 실험기구는 여러 가지 재질·형태·성질을 가지고 있어 잘못 사용하면 위험하기 때문에 그 특징을 파악해 실험 조건에 맞추어 적절한 기구를 선택해야 한다.

1. 실험기구의 선택

실험기구를 선택할 때 고려해야 할 조건은 다음과 같다. 다른 용도의 기구를 사용하다가 「이상하다, 사용하기 어렵다」라고 느끼면 무리하게 실험을 계속하거나 귀찮아하지 말고 실험 조건에 적절한 전용 기구를 준비한다.

실험을 실시하는 온도

재질에 따라 내열 온도가 다르기 때문에 실험의 온도 범위 내에서 변형·변성하지 않는 재질의 장치를 선택한다. 다른 종류의 재료를 사용하고 있는 경우에는(유리와 금속, 플라스틱과 유리 등) 각각의 팽창률을 고려한다.

실험을 실시하는 압력

재질에 따라 기계적 강도가 다르기 때문에 압력에 의해 변형하지 않는 재질을 선택한다. 기구의 형상도 중요하다. 예를 들면, 유리로 된 삼각 플라스크는 바닥이 둥근 플라스크에 비해 감압에 약하다.

시약과 반응하지 않는 실험기구를 선택한다. 실험기구의 재질에 따라서는 실험기구에 닿은 시약이 목적하는 반응 이전에 분해·변성된다. 혹은 실험기구로 사용되는 재질이 부식한다. 실험기구가 시약에 의해 변질하는 예로는 다음과 같은 것이 있다.

① 불화수소산은 유리 기구를 부식시킨다.
② 강알칼리는 유리 기구를 서서히 부식시킨다.
③ 유기용제는 플라스틱 기구를 녹이는 일이 있다.
④ 일부의 산은 금속 기구를 부식시킨다.

2. 실험기구의 안전한 취급

안전한 실험을 위해서는 정리정돈을 철저하게 하는 것이 기본이다.

실험대의 정리정돈

① 실험에 사용하지 않는 기구는 정리해 작업 공간을 넓게 한다.
② 통행 시에 접촉하지 않게 실험대에서 기구가 벗어나지 않게 한다.
③ 시약이 묻은 기구는 방치하지 말고 다음의 사용을 생각해 신속하게 세정해 건조한 후 소정의 장소에 보관한다.
④ 샘플을 봉입한 병에는 내용물과 담당자명을 알 수 있도록 표시한다.
⑤ 시약을 혼입·오음할 가능성이 있으므로 음식물은 실험실에 반입하지 않는다.

보관 시의 정리정돈

① 실험기구의 보관 장소는 찬장이나 서랍 등에 누구라도 알도록 표시해 사용하고 싶을 때 곧바로 꺼낼 수 있게 해 둔다.
② 기구가 파손됐을 경우는 신속하게 폐기하거나 그 사실을 주위 사람에게 알린다.
③ 소모품은 다 사용하기 전에 항상 재고품을 준비해 둔다. 만일 다 사용해 버렸을 경우는 그대로 두지 말고 마지막 사람이 구입하도록 규칙을 정한다.

사고 예

① 에테르가 들어간 세정병에서 내용물이 넘쳐 흘러, 실험대 위에 가로놓여 있던 교반기의 전원 코드 피복이 녹은 결과 합선으로 발화해 다른 세정병에 들어 있던 아세톤에 인화해 화재가 일어났다.
② 피펫으로 알칼리 수용액을 칭량하다가 고무 스포이트가 주위에 없었기 때문에 입으로 들이마시려다 입안으로 들어가 부상을 입었다.

🔽 *Answer*

　유리 기구는 투명해서 내부를 관찰하기 쉽고, 또 용이하게 가공할 수 있기 때문에 화학 실험에서 가장 많이 사용되는 재질이다. 강도 면에서 유리는 인장강도가 비교적 높기는 하지만 굴곡강도나 압축강도는 매우 약하고 특히 금이 간 기구는 기계적으로 매우 약하다. 예를 들면 플라스크 안의 샘플을 스패튤라 등으로 하는 작업, 유리관에 고착한 고무관을 떼어내는 경우 등 파손하기 쉬운 유리 기구의 취급 시 세정 작업, 국부적으로 힘을 가하는 작업에서는 필요에 따라서 케블라 장갑을 착용해야 한다.

1. 유리 기구의 취급 전 주의사항
① 기구의 변형, 왜곡, 상처, 깨짐, 금 등을 점검하여 노후되어 못쓰는 유리 기구는 즉시 파기한다.
② 고온에서 사용하는 경우는 기구의 내열성을 확인한다.
③ 압력 부하가 걸릴 가능성이 있는 경우에는 두께가 있는 내압 유리 혹은 진공용 기구를 선택한다.

2. 유리 기구의 조립 · 세정
① 플라스크 안에 교반자를 넣으려면 자력에 의해 바닥이 깨지는 일이 있으므로 마그네틱 교반기에 설치하기 전에 측벽에 미끄러지도록 조용하게 넣는다.
② 플라스크 내에 유리봉이나 유리 온도계를 삽입하려면 교반 날개에 부딪혀 부러지

는 일이 있으므로 회전을 멈추고 나서 위치를 확인하고 삽입한다.

③ 유리 기구는 전용 바구니에 넣어 운반, 원칙적으로 겹치지 않게 건조기 또는 선반에 넣는다.

④ 수은 온도계는 파손할 위험이 있으므로 건조기에 넣지 않는다.

3. 유리 기구의 보관

① 낙하 및 전도하지 않게 해 보관한다.

② 유리 기구는 원칙적으로 겹쳐 놓지 않는다.

③ 유리 기구끼리의 접촉에 의한 파손을 방지하는 기구를 사용한다(칸막이, 완충용 그물 등).

4. 유리 기구의 폐기

① 폐유리가 들어 있는 봉투에는 절대로 손을 넣지 않게 한다. 운반 시는 운반 대차 등을 사용해 직접 만지는 기회를 줄인다.

② 폐유리용 봉투는 내벽 종이봉투로 하거나 두꺼운 비닐봉투를 사용한다.

③ 피펫 등의 예리한 부분이 있는 기구를 처분하는 경우 검 테이프 등으로 예리한 부분을 정리하는 등 찢어지지 않게 조치를 하고, 쓰레기 수집자의 입장을 배려하는 등 안전한 방법으로 처리한다.

사고 예

① 작은 흠집이 있는 파이렉스제 삼각 비커를 그대로 버너로 가열했는데 비커가 갈라져 내용물이 비산해 부상을 입었다.

② 수산화나트륨 수용액을 유리 비커에 넣어 실험대 위에서 며칠간 방치했다. 유리가 부식되었기 때문에 치켜세우는 순간 비커의 바닥이 빠져 부상을 입었다.

49 플라스틱 기구의 안전한 취급

● Answer

플라스틱 기구는 쉽게 깨지지 않고 유연성이 있기 때문에 다루기 쉽지만 내열성, 부식성, 가연성, 내용매성, 투명도에서 유리 기구와 비교해 뒤떨어지기 때문에 사용 조건에 따라 재질을 선정하지 않으면 안 된다. 사전에 사용 가능한 온도 범위를 확인해 사용하는 용매에 적합한 재질을 선택할 필요가 있다.

1. 플라스틱 기구의 내열성

플라스틱 기구는 유리 기구나 금속 기구와 비교해 사용 가능한 온도 범위가 좁다. 대표적인 플라스틱의 내열 온도를 다음 표에 나타낸다.

열경화성 수지는 가열하면 연화하고 나서 중합에 의해 고체화되어 재차 가열하더라도

각종 플라스틱의 내열 온도 상한

열경화성 수지	내열 온도(℃)	열가소성 수지	내열 온도(℃)
페놀 수지	120~180	스티롤 수지	60~80
에폭시 수지	120~170	폴리염화비닐	60~80
멜라닌 수지	120~200	폴리에틸렌	80~120
요소 수지	130~140	나일론	80~150
		불소 수지	180~290

용해하지 않는 성질이 있다. 딱딱해서 열이나 용제에 강하기 때문에 재떨이나 전기제품 등에 주로 이용된다.

한편, 열가소성 수지는 가열하면 연화하고 차게 하면 다시 고화되지만 재가열로 반복해 연화한다. 유동성이 뛰어나 원하는 형태로 성형하기 쉽기 때문에 가정용품에 대량으로 사용되는 범용 플라스틱이다.

2. 플라스틱 기구의 내식성

플라스틱은 유기물이기 때문에 친화성이 좋은 용매와 접촉하면 팽윤이나 용출이 일어나는 일이 있다. 플라스틱의 종류, 사용하는 용매의 종류나 온도에 따라 내식성은 다르기 때문에 사전에 잘 확인해 둘 필요가 있다. 실험기구의 시방서나 이과학 제조사의 카탈로그에 내약품 일람표가 기재되어 있으므로 사용할 예정인 시약과 대조해 참고하면 좋다.

폴리테트라플루오르에틸렌 등의 불소 수지는 내식성이 뛰어나므로 시약병 등에 널리 이용되고 있다. 최근에는 투명성이 높은 불소 수지도 있어 용도가 광범위하다.

덧붙여 불화수소산은 유리와 반응하기 때문에 플라스틱 용기를 이용한다.

3. 기타 주의사항

플라스틱 제품은 도전성이 나빠 정전기가 쉽게 발생하기 때문에 정전기 불꽃에 의해 증기 폭발이나 분진 폭발의 위험이 있다. 저항률이 높은 인화성 액체나 분진 폭발성이 높은 분체를 취급하려면 플라스틱이 아닌 금속 기구로 접지해 대전을 방지한다.

사고 예

① 플라스틱은 연소에 의해 유독가스가 발생하는 것이 있으므로 폐기물을 소각할 때는 폐가스에 주의한다. 연소에 의한 유독가스의 발생 사례로는 염화비닐 수지에서의 염소 발생이나 폴리아크릴로니트릴에서의 시안화수소 발생 등이 있다.

② 산소 봄베 밸브류의 패킹에 쉽게 연소하는 플라스틱을 사용하면 봄베 콕을 급격하게 개방했을 때 단열 압축으로 인해 패킹이 발화해 구리나 황동, 철제 배관이나 밸브의 연소를 일으킨다.

● *Answer*

금속 기구는 내열성이나 강도가 유리 기구나 플라스틱 기구보다 뛰어나기 때문에 오토클레이브로 대표되듯이 고온·고압 조건에서 실시하는 실험에 사용한다. 한편, 실험 작업을 할 때는 다음의 단점이 있다.

① 기구가 무겁기 때문에 다루기 어렵다.

② 사용하는 물질에 따라서는 부식되기 쉽다.

③ 실험 후에는 개방할 때까지 내용물이 안 보인다.

대표적인 금속에는 스테인리스강, 철, 알루미늄, 구리가 있다. 각각 사용 온도 범위나 산에 대한 내식성이 다르므로 사용 환경에 따라 적절한 재질을 선택해야 한다.

1. 금속 기구의 기계적 강도

고압으로 사용하는 경우에는 정기적인 두께 측정이나 내압(기밀) 검사를 실시한다. 반복적인 가열이나 부식에 의해 두께가 줄거나 일그러짐이 생겨 강도가 저하하는 경우가 있다.

2. 금속 기구의 내열성

금속 재료 자체는 내열성이 높지만 상황에 따라 사용 가능 온도가 저하한다.

예를 들면, 스테인리스강 SUS304의 융점은 1,400~1,430℃이기 때문에 일반적인 화학 실험에는 충분한 내열 온도이다. 그러나 강산 등 사용하는 시약에 따라서는 저온에서도 사용 가능한 온도가 낮아지므로 사전에 확인해 둘 필요가 있다. 예를 들면 SUS304의 내열 온도는 20% 질산 용액을 이용했을 경우는 150℃ 정도, 100% 질산에서는 약 40℃가 된다.

3. 금속 기구의 내식성

산에 의해 부식되는 금속이 많고, 또 강염기에도 부식되는 경우가 있으므로 주의한다. 한편, 산의 사용 환경에 따라서는 부동태를 형성해 안정화하는 경우도 있으므로 실험에서 사용하는 시약에 대한 금속의 부식성을 확인한 후 사용하는 기구를 선택해야 한다.

참고로 다음의 표에 대표적인 약품에 대한 각종 재료의 내식성을 나타낸다.

각종 재료의 내약품성(* : 측정 온도)

	스테인리스강 SUS304 100℃*	경질 유리 100℃*	폴리염화비닐 (경질) 65℃*	폴리에틸렌 52℃*	불소 수지 100℃*	천연 고무 (연질) 70℃*
염산(35%)	C	B	A	A	A	B
황산(70%)	C	A	A	B	A	C
질산(40%)	B	A	A	B	A	C
암모니아수(28%)	B	C	A	A	A	A
수산화나트륨(25%)	A	C	A	A	A	A
아세톤	A	A	C	C	A	A
에탄올	A	A	B	B	A	A
벤젠	A	A	C	C	A	C
사염화탄소	A	A	C	C	A	C
초산에틸	A	A	C	C	A	C

* 1년간 침식도(단위 : mm) : A 0.05 이하(사용 가능), B 0.05~0.1(조건부), C 0.1 이상(사용 불가)

4. 기타 주의사항

① 금속류는 열전도가 좋기 때문에 가열하면 곧바로 뜨거워진다. 열원으로부터 먼 부분도 뜨거워지는 경우가 있으므로 화상에 주의한다.

② 금속끼리의 접합부는 밀폐성이 나쁘기 때문에 압력을 가하는 실험에서는 수지제 실(패킹·개스킷, O-링, 실 테이프 등)을 병용해 실험 전에 실험의 압력 이상 조건에서 기밀 테스트를 한다.

사고 예

① 여과 분리한 고체 과산화물을 칭량하기 위해 유리 샤레 위에서 취급하던 중 금속 스패튤라를 이용햇기 때문에 과신화물이 폭빌직으로 분해헷다. 직은 양의 시료였지만 손가락에 부상을 입었다.

② 아세틸렌 가스 실험에서 구리 배관을 이용했기 때문에 시간 경과와 함께 구리아세틸리드가 생성되어 충격을 가하자 폭발했다.

실험 조작에서
유의해야 할 점

🔽 Answer

　안전한 실험 조작을 위해서는 면밀한 실험 계획을 세우는 것이 중요하다. 실제로 실험을 시작하기 전 계획 입안 시에 충분히 조사하고 예측하여 자신이 실시할 실험 조작에 대한 이해를 깊이 하는 것이 사고의 방지로 이어진다. 복잡해서 틀리기 쉬운 실험 조작에 대해서는 사전에 작업 절차 기록서를 작성해 하나하나 확인하면서 실험 조작을 진행하는 것이 바람직하다.

1. 실험 조작 계획 시에 주의할 점

화학반응이 일어나는가?

　실험 조작은 화학반응을 수반하는 조작과 화학반응 종료 후의 생성물을 분리·정제하는 등 화학반응을 수반하지 않는 조작으로 나눌 수 있다. 계획한 실험 조건에서 의도한 화학반응이 일어나는지 또 분리·정제 조작 중 등에 화학반응이 일어나지 않는지 확인한다.

온도나 압력이 상승하는가?

　실험 조작에 수반해 발열반응 또는 흡열반응이 일어나는 경우가 있다. 발열반응의 경우에는 반응을 제어할 수 있는 대책을 강구해 두지 않으면 반응이 폭주해 위험한 상태가 된다.

또 가스가 발생하여 용기 내 압력이 상승하는 경우에는 폭발 가능성이 있다.

불필요한 작업은 포함되지 않았는가?

실험 조작은 가능한 한 헛수고를 하지 않게 계획한다. 쓸데없는 조작이 늘어나면 생성물의 수율이 낮을 뿐만 아니라 그 만큼 사고 가능성이 높아진다.

장치가 안전하게 고정되어 있는가?

2. 실험 조작 개시 전에 주의할 점

실험장치에는 대형 또는 소형의 장치를 조합한 것을 사용하는 경우가 있다.

반응 혼합물을 제대로 보관·유지해 넘어지지 않게 제대로 실험대에 고정한다.

장치의 레이아웃에 무리는 없는가?

여러 가지 기구를 조합한 실험장치는 연결 부위나 휘는 부위에 힘이 걸린다. 무리하게 조합하면 힘이 가해지는 부분에서 반응 혼합물이 새거나 기구가 갈라진다.

또 가열부와 냉각부의 위치에도 주의한다. 실리콘 오일로 가열되고 있는 플라스크 위에 충분히 냉각된 환류기가 있으면 환류기 표면상에서 결로한 물이 기름에 들어가 튀어 위험하다.

사고 예

① 열화 6불화우라늄 중의 불순물을 분석하는 전처리 작업에서 이온교환수지를 함유한 유리 칼럼에서 분리하던 중 질산과 과염소산의 투입 순서를 틀렸기 때문에 칼럼이 파열, 작업자가 부상했다. 실험 조작 순서가 제대로 전달되지 않았다.

② 유리관을 조합해 진공 라인을 조립하던 중 무리하게 클램프를 단단히 조였기 때문에 진공 라인의 유리관에 부하가 걸려 갈라졌다.

52 가열 조작에서 유의해야 할 점

⬇ Answer

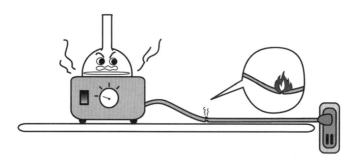

가열 조작은 합성반응이나 증류 등 많은 화학 실험에서 필요한 가장 기본적인 조작의 하나이다. 가열 조작을 잘못하면 사고의 원인이 되기 때문에 온도 조건이나 장치를 선정할 때는 세심한 주의가 필요하다.

1. 가스버너에 의한 가열 시 주의사항

온도 제어

가스버너를 이용한 가열 조작은 온도 제어가 어렵고 국부적으로 고온이 되며, 이로 인해 국소적인 열팽창을 일으켜 유리 등에 잔금이 발생하는 일이 있다. 또 국소적으로 고온으로 가열된 부분에서 예상 외의 반응이 일어나 사고의 원인이 될 수도 있다.

인화

유기용매를 사용할 때 등 가연성 가스·증기가 발생할 가능성이 있는 경우는 버너의 불꽃이 발화원이 되어 화재를 일으킬 수 있다. 그럴 경우 가스버너의 사용은 피한다.

2. 전기 히터에 의한 가열 시 주의사항

맨틀 히터나 리본 히터, 핫플레이트 등의 전기 히터를 이용한 가열은 가스버너를 이용한 가열 조작과 비교해 온도 제어가 수월하여 비교적 안전하다. 다만 다음에 주의한다.

누전

가열이나 노후화로 단선이나 단열재가 손상되어 누전 등의 원인이 되는 일이 있다.

국부적 가열

핫플레이트 등은 용기와 접촉하는 면적이 작기 때문에 접촉부 부근이 국부적으로 고온이 되어 예상 외의 반응을 일으킬 가능성이 있다.

3. 가열욕에 의한 가열 시 주의사항

가열욕을 이용한 가열에서는 열원으로부터 열매체를 통해서 간접적으로 가열함으로써 국부적인 가열을 피할 수 있어 완만한 온도 조절이 가능하다. 사용 시에는 다음의 점에 주의한다.

점성

가열욕의 온도를 안정시키기 위해서는 열매체의 교반이 효과적이다. 점성이 높으면 전열이 나빠서 온도 컨트롤이 어려워지므로 열매체의 종류를 선정할 때는 사용 온도 범위가 적절한지의 여부를 확인해 둔다.

액면

가열욕을 이용할 때는 액면의 높이를 세심하게 체크한다. 수욕(水浴)에서 물이 증발해 욕이 건조해지면 히터의 온도가 매우 고온이 되어 위험하다. 또 유욕(油浴)의 오일은 고온으로 열팽창하기 쉬워 욕에서 넘쳐 나오는 경우가 있다.

혼촉 위험

가열욕을 이용해 가열할 때는 용기가 깨져 내용물이 새는 일이 있으므로 열매체를 선정하려면 반응물과의 혼촉 위험을 사전에 체크해 둔다.

사고 예

① 환류 조작이 수반되는 실험 준비를 하면서 플라스크의 흠집을 간과한 탓에 버너로 가열 중에 플라스크가 깨져 용제가 누설, 인화했다.

② 버너에 의한 가열 조작에서 비등석을 넣는 것을 잊었기 때문에 플라스크 내의 용제가 끓어올라 실험자가 화상을 입었다.

③ 실험실에서 헥산 증류 중에 배관이 어긋나 누설한 헥산이 가까이에 있던 전기 히터에 접촉해 인화했다.

④ 비료 제조 시설의 실험실에서 양모로 비료를 제조하는 시험에서 양모 약 2톤을 오토클레이브에 넣어 증기 가열하던 중에 다량의 황화수소가 발생해 실험자가 사망했다. 통상의 원료인 쇠가죽에 비해 황화수소가 발생하기 쉬웠지만 사전에 발생 가스를 확인하지 않았다.

Question >> 53 냉각 조작에서 유의해야 할 점

🔽 Answer

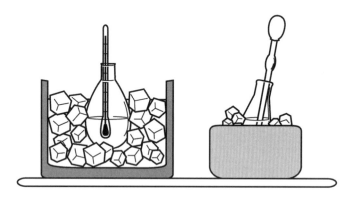

　　화학 실험에서는 반응 용액의 냉각, 증류나 환류 시 증기의 냉각, 진공 펌프 이용 시 트랩의 냉각 등 여러 가지 상황에서 냉각 조작을 한다. 특히 발열을 수반하는 반응을 하는 경우나 고온에서 위험한 화합물을 생성하는 경우 등은 냉각 부족이 사고의 원인이 될 수 있으므로 주의가 필요하다.

1. 반응 용액의 냉각

냉각욕을 이용한 냉각

　　반응에서 반응 용액을 냉각할 때는 반응 용액의 온도를 세심하게 체크하여 냉각이 충분한지 확인한다. 이때 냉매 및 반응 용액을 교반하면 보다 확실한 냉각 효과를 얻을 수 있다.

격렬한 발열반응의 냉각

　　격렬한 발열을 수반하는 반응에서는 냉각욕에서 냉각 부족으로 반응이 폭주하는(반응액의 온도가 급격하게 상승한다) 일이 있다. 그럴 경우에 대비해 긴급 시의 대책도 생각해 둔다. 예를 들면, 반응액과는 별도로 냉각한 용매를 준비해 두었다가 반응이 폭주했을 때 신속하게 추가 추입해 급격하게 냉각하는 등의 대책을 생각할 수 있다.

폭발성 물질 등의 합성 중 냉각

　　지나치게 냉각되어 생성물이 석출하지 않도록 주의한다. 용매에 녹은 상태이면 타격이나 마찰에 의한 폭발 우려는 없지만 폭발성 물질이 석출·침전하면 교반 날개 등에 의한 기계적인 자극으로 폭발할 가능성이 있다. 만약 폭발성 물질이 석출됐을 때는 서서히 용매에 용해시켜 충분히 희석한 상태에서 소량씩 소각 처리한다.

2. 증기의 냉각

환류에 의한 냉각 조작에서는 증기와 냉매의 접촉 면적을 크게 해 냉각 효율을 올리기 위해 환류 냉각관이나 리비히 냉각관 등이 이용된다. 그러나 관내에서 고체가 석출하는 경우 냉각 능력이 떨어지거나 관 폐색을 일으키는 등의 위험이 예상되므로 아린 냉각관 등 적절한 것을 사용한다.

3. 진공 펌프 사용 시 트랩의 냉각

대기 중의 냉각

액체 질소 등으로 냉각한 트랩을 사용한 후 차가운 상태로 대기 중에 방치하면 대기 중의 공기가 트랩 내에서 응축한다. 이것을 손으로 털거나 하면 액체 공기가 단번에 가스상이 되어 위험하다. 또 유기물이 트랩에 들어가 있으면 공기로부터 응축한 액체 산소와 접촉하므로 위험하다.

대량 사용

액체 질소나 드라이아이스를 밀실에서 대량으로 사용하면 질식의 위험성이 있으므로 방의 환기에 충분히 주의한다.

사고 예

① 진공 라인을 액체 질소로 냉각하면 산소가 응축해 상온으로 되돌렸을 때 압력이 급상승하는 것에 기인한 사고가 적지 않다. 액체 아르곤을 액체 질소 온도까지 냉각했을 때 장시간 진공 펌프로 뽑은 후에도 고체 아르곤이 남아 온도가 오른 시점에서 아르곤이 급격하게 기화해 밀봉 용기가 폭발했다.
② 대학의 저온 실험실에서 냉동기가 고장 났기 때문에 실온을 낮추기 위해 수십 리터의 액체 질소를 마루에 뿌린 결과 실험자 2명이 산소 결핍으로 사망했다.

⊙ *Answer*

고체 시약을 용액으로 취급할 때나 재결정 조작으로 고체를 정제할 때는 용해 조작이 필요하다. 용해 조작은 매우 기본적인 조작이지만 몇 가지 주의해야 할 점이 있기 때문에 다음의 사항을 실험 전에 확인해 둘 필요가 있다.

1. 용해열에 의한 위험

① 용해에는 발열을 수반하는 것이 많기 때문에 상황을 보면서 서서히 용해시킨다.

② 발열을 수반하는 용해에서는 고체의 양에 대해 용매의 양이 적으면 용해열에 의한 온도 상승 폭이 커져 위험할 수 있다.

③ 용해 조작 시에 큰 발열이 예상되는 경우는 대량의 용매 안에 조금씩 고체를 투입해 용해시킨다. 반대로 대량의 고체에 소량의 용매를 추가하면 급격하게 발열해 위험하다. 물에 수산화나트륨을 용해시킬 때와 같이 격렬한 발열을 수반하는 경우는 온도계를 이용해 온도를 체크하면서 용해 조작을 하는 것이 바람직하다.

④ 용액 중에 고체를 추가 투입할 때는 이미 투입한 양이 전량 용해했는지를 확인하고 나서 투입한다. 이미 투입한 양이 고체 상태로 남아 있는 동안에 추가 투입하는 것은 대량의 고체를 단번에 투입하는 것과 같아 용액이 튀어오를 위험이 있다.

⑤ 폭발성 화합물을 용해시키는 경우에는 우선 소량을 용해해서 온도가 상승한다면 다른 용매로 변경하는 것이 좋다. 용매를 변경할 수 없는 상황이라면 사전에 분해 개시 온도 등의 위험성을 조사해 둔다.

2. 가열해 용해시키는 경우의 위험성

① 일반적으로 온도가 높으면 용해도는 커지므로 용해 조작은 가열과 동시에 진행하는 일도 많다. 가열 용해 시에 비점이 낮은 용매를 이용하면 용매가 증발해 버리기 때문에 이때는 환류용 냉각관을 붙이도록 한다.

② 가열하는 경우에는 가열에 의해 물질이 반응하지 않도록 사전에 확인해 둔다.

3. 용해에 사용하는 기구의 위험성

① 초음파 세척기를 이용해 용해시키는 경우에는 용기를 제대로 고정해 초음파의 진동에 의해 어긋나지 않도록 한다. 또 금이 가 있는 용기는 금이 더 가므로 사용하지 않는다.

② 마그네틱 교반기를 이용해 교반하면서 용해시키는 경우에는 충분한 크기의 교반자를 선택, 적절한 속도로 회전시킨다. 너무 빠르면 용기 중에서 마그네틱 교반기를 따라가지 못하고 헛돌아 주위로 액체가 흩날릴 수 있다.

사고 예

반응실험에서 용제를 변경하는 경우 용제와 원료가 큰 혼합열을 갖고 있는 탓에 반응 온도가 상승하여 뜻밖의 부반응이 생기는 예가 있다. 염소계 용매로부터 에테르 등 극성이 높은 용매로 변경했을 경우의 사례가 많다.

교반 조작에서
유의해야 할 점

⊙ *Answer*

교반 조작은 반응 용액을 균일하게 해 반응을 진행시키는 외에 온도 분포를 균일하게 한다는 점에서 안전상 중요한 조작이다. 특히 발열반응에서는 교반이 부족하면 핫스폿(국부적으로 고온이 된 부분)이 생성되어 반응이 폭주하는 원인이 된다.

또 황산과 질산의 혼합에 의한 방향족 니트로화 반응 등과 같이 2층 분리한 액의 계면에서 반응하는 경우는 갑자기 격렬하게 교반하면 반응이 급격하게 진행해 위험하다. 교반은 일정한 속도로 실시하는 것이 좋다.

화학 실험의 교반 조작에서는 주로 마그네틱 스터러나 메커니컬 교반기가 이용된다.

1. 마그네틱 교반기에 의한 교반

용기에 넣은 피복된 막대자석(교반자)을 용기 외부에서 자석으로 교반하는 방법이다. 회전하는 교반자가 충분히 반응 용액을 교반하지 않으면 제열이 불충분하다.

점성

교반자로 교반하기 때문에 점성이 높은 유체 중에서는 전체를 균일하게 교반할 수 없다. 특히 중합반응 등에서는 반응이 진행함에 따라 점성이 변화해 반응 도중에 교반자가 멈추는 일이 있으므로 세심하게 교반 상황을 체크한다.

다량의 유체를 교반하는 경우에도 전체를 골고루 교반하지 못해 온도가 불균일해지는 일이 있다. 교반이 불충분한 부분에서는 반응열이 서서히 축적되어 온도가 상승함에 따라 핫 스폿을 생성해 반응이 폭주하는 원인이 된다.

교반자의 크기·회전 속도

교반자가 작으면 충분한 교반을 할 수 없다. 또 용기 외부로부터 교반자를 움직이는 자석의 움직임이 너무 빠르면 교반자가 그 움직임에 따라가지 못하고 용기 중에서 헛돈다. 적절한 교반자의 크기와 회전의 속도를 선택한다.

2. 메커니컬 교반기에 의한 교반

액체를 교반하는 날개가 달린 봉을 모터로 회전시키는 방법이다. 다량의 유체 교반이나 점성이 높은 유체 교반(반대로 말하면 제열하지 않고 축열하기 쉬운 경우)에 적합하다. 따라서 교반이 정지하면 매우 위험한 상태가 된다. 사용 시에는 다음의 점에 주의한다.

교반 축의 왜곡

교반 축이 비뚤어져 있으면 교반 봉이 탈락하는 등의 트러블에 의해 교반이 정지되는 일이 있다. 혹은 용기를 파괴하기도 한다.

사고 예

① 적하반응에서 교반 속도가 반응에 미치는 영향을 검토하기 위해 반응 열량계로 실험 중에 교반 속도를 늦췄는데 적하한 원료가 반응 용기 내에 체류해 급격하게 반응이 진행되었기 때문에 반응 용기 내의 온도가 급상승해 내용물이 분출했다.

② 디시클로펜타디엔과 아크릴로니트릴 혼합액을 교반하면서 소정 온도까지 온도를 높였다. 온도가 계속 상승해 냉각했지만 내압이 상승해 폭발했다. 교반이 불충분해 아크릴로니트릴 모노머가 부분적으로 고농도가 되어 중합이 급격하게 진행한 것이었다.

③ 술폰화 반응 실험에서 톨루엔에 황산을 적하하던 도중에 콘센트가 빠져 교반기가 정지했다. 적하를 계속해 교반기를 재기동시켰는데 미반응한 황산이 급격하게 반응해 액체이 온도가 급상승했다.

Question >> 56 추출 조작에서 유의해야 할 점

↓ Answer

추출 조작은 혼합물에 용매를 첨가해 교반하는 것으로 목적물을 혼합물로부터 용매 쪽으로 용출하여 분리하는 조작이다. 화학 실험에서는 보통 목적 물질을 용액으로부터 용매로 이동시키는 데는 분액 깔때기를, 고체로부터 용매로 이동하는 데는 속실렛 추출기를 이용한다.

1. 분액 깔때기의 사용

용매의 선택

분액 깔때기를 이용할 때는 물층과 기름층과 같이 2층으로 나뉘는 조합을 선택한다. 일반적으로 추출 조작 후에는 용매를 증발시켜 농축하는 조작을 실시한다. 때문에 추출 용매로는 디에틸에테르 등과 같이 휘발성이 높은 유기 용매를 이용한다.

용매의 증발

분액 조작은 분액 깔때기에 혼합물과 용매를 넣어 윗마개와 콕을 닫고 몇 차례 힘껏 흔들어 물층과 기름층을 잘 혼합한다. 이때 기름층의 유기 용매가 증발하면서 증기압에 의해 분액 깔때기 내의 압력이 오른다. 압력이 너무 높아지면 마개가 날아가거나 유리가 깨질 위험이 있다. 서서히 콕을 열어 모인 증기를 빼내 분액 깔때기 내의 압력을 상압으로 낮춘다.

용매의 인화

콕을 열 때는 분액 깔때기 내가 가압되어 있기 때문에 용매의 증기가 힘차게 방출되기도 한다. 추출 용매로 이용되는 용매의 상당수는 인화성이 있기 때문에 증기의 배출구를 화기가 있는 방향을 향해서는 안 된다. 특히 디에틸에테르 등과 같이 인화성이 높은 용매를 이용할 때는 드래프트 내에서 압을 내리는 것이 바람직하다.

층의 확인

분액 깔때기로부터 목적한 용액을 꺼내기 위해 분액 깔때기를 가만히 두고 용액이 상층·하층으로 나뉠 때까지 기다린다. 통상, 목적물이 용해하고 있는 유기층이 상층이 되지만 클로로포름 등과 같이 밀도가 큰 용매는 아래층이 기름층이 된다. 위층과 아래층이 바뀌지 않도록 주의해야 한다.

잘못해서 물층을 건조제에 넣으면 급격하게 발열해 비등할 수 있어 위험하다.

2. 속실렛 추출기의 사용

속실렛 추출기는 입이 통 모양의 여과지로 된 용기에 고체를 넣어 두고 추출을 한다. 추출용 용매는 여과지를 통과한 후 하부의 플라스크에 모이지만, 따뜻해져서 증기가 되어 최상부의 냉각기에서 응축해 다시 고체 혼합물을 씻는다. 냉각기가 추출 용매의 비점보다 충분히 낮지 않으면 용매가 휘발, 누설되어 위험한 상태가 된다. 냉각기의 온도를 낮게 유지해 용매를 응축시키도록 한다. 만일을 생각해 냉각기를 포함한 실험기구 전체는 절대 밀봉하지 않되, 개방하거나 상부에 콕을 붙여 질소 등의 불활성 가스를 흘리면 좋다.

사고 예

① 대학 실험실에서 쌀겨유 추출 실험 후, 추출 잔사를 폴리에틸렌 양동이에 버렸는데 잔사물 중의 유지 성분이 산화해 반응열이 축적하여 자연 발화했다.

② 화학실험실에서 식물유를 에틸에테르로 추출한 후 진공 증류 중에 에테르가 누설되어 인화 폭발했다. 유지 추출용 헥산을 증류하는 과정에서 일어나는 화재, 폭발 사고도 적지 않다.

Question >> 57 증류 조작에서 유의해야 할 점

⊙ Answer

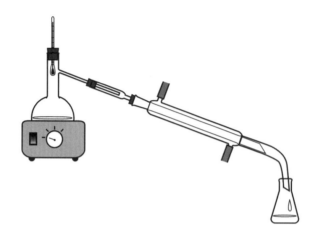

증류 조작이란 비점이 다른 두 성분 이상의 혼합물을 가열하고 증발한 물질을 차례차례 냉각하여 분리하는 조작이다. 불순물을 없애고 정제하는 경우에도 종종 이용한다. 증류 조작 시에는 다음과 같은 점에 주위를 기울인다.

1. 증류물의 발열 분해

증류 중에 화합물이 열분해나 중합 등의 발열반응을 일으키면 사고의 원인이 된다. 항상 증류 온도에는 주의한다. 증류 플라스크는 긴급 시에 대비해 가열 부분으로부터 곧바로 제거할 수 있도록 해 둔다.

2. 증류 중인 고체의 석출

냉각관 내에서 고체가 석출하면 관 막힘을 일으키는 등의 위험이 있다. 막히지 않는 지름이 큰 것을 선택하거나 적절한 냉각 온도로 한다.

3. 증류 중인 폭발성 화합물 취급

증류물 중에 니트로 화합물이나 과산화물 등의 폭발성 화합물이 포함되는 경우는 증류에 의해 농축되지 않도록 주의한다. 특히 에테르나 불포화 결합을 가진 화합물 등은 과산화물을 형성하기 쉽다. 증류 잔사에 폭발성 화합물이 농축될 가능성이 있는 경우는 불활성인 용매로 충분히 희석한 후 소량씩 소각 처리하는 것이 좋다.

4. 상압 증류

① 비점이 높은 화합물을 상압 증류로 분리하려고 하면 열분해 등이 일어날 가능성이 있으므로 증류 전에 화합물의 반응성에 대해 잘 조사해 둔다.

② 튀어 오르는 것을 막기 위해서 넣는 비등석은 가열하고 나서 넣으면 급격한 비등이 일어난다. 따라서 반드시 가열 전에 넣도록 한다. 비등석은 한 번 사용해 온도를 내리면 작동하지 않으므로 증류 중에 온도가 낮아지면 다시 더 추가한다.

5. 감압 증류

상압 증류에서 증류 온도가 너무 높아 반응이 일어나는 경우에 감압 증류가 유효하다. 감압에 의해 비점이 낮아져서 보다 낮은 온도로 증류 분리가 가능해진다.

① 감압 증류에서 비등석은 기능하지 않는다.

② 마그네틱 교반기에 의한 교반이나 캐필러리의 선단을 액 중에 세트해 공기나 질소 등의 기포를 내면서 증류한다. 증류물의 양이 많으면 교반이 잘되지 않고 튀어 오르는 일이 있기 때문에 주의한다.

사고 예

① 에피클로로히드린과 디메틸술폭시드가 혼합된 폐액의 진공 증류에서 에피클로로히드린의 기화 잠열과 외부 가열량이 균형을 이뤄 증류 온도가 유지되지만 에피클로로히드린이 중합했기 때문에 기화량이 감소해 증류탑 내의 온도가 상승, 디메틸술폭시드가 폭발적으로 분해했다.

② 디니트로아닐린의 증류 중 온도가 이상 상승했다. 가열을 중지했지만 탑내에서 분해가 일어나 증류탑이 파열했다. 세정 불충분으로 불순물이 탑내에 남아 있어 디니트로아닐린이 통상보다 꽤 낮은 온도에서 분해했다.

③ 대학 실험실에서 테트라히드로푸란(THF)을 증류하던 중 천장의 에어컨 부근에서 갑자기 폭발이 일어나 2명이 부상했다. 증류기에서 누설한 THF가 에어컨에 흡입되어 전기 불꽃으로 폭발했다.

④ 메탄올 용매 중에서 히드록실아민 염산염과 수산화나트륨을 증류하던 중 히드록실아민이 생성, 농축되어 갑자기 폭발했다.

⑤ 장기 저장한 제2급 알코올이나 에테르를 증류에 의해 정제하면 생성한 과산화물이 농축해 폭발하는 일이 있다.

Question >> 58 여과 조작에서 유의해야 할 점

⬇ *Answer*

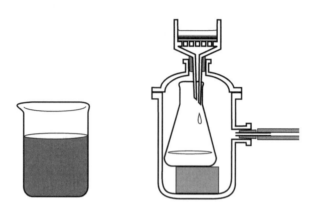

여과 조작에서는 고체와 액체의 혼합물을 여과지나 유리 필터 등을 이용해 액체와 고체로 분리한다. 액체 분자가 빠져나가 고체 입자가 필터상에 남는다. 즉, 체 나누기이다. 여과 조작 중 조심해야 할 사항은 다음과 같다.

1. 여과의 목적 물질

혼합물을 분리하는 데 앞서 고체와 액체의 어느 쪽이 필요한지(혹은 모두 필요한지)를 확인한다. 어느 쪽이 필요한가에 따라 또 고체의 입도에 따라 여과에 이용하는 필터의 종류가 다르고 여과에 걸리는 시간도 다르다.

2. 여과 시의 혼합물 상태

액체의 점성이 높은 경우나 액체 중에 미소한 고체가 분산되어 있는 경우에는 여과에 시간이 걸린다. 여과에 시간이 걸리면 용매의 휘발·혼합물의 농축이 일어나 시간이 더 걸린다.

3. 세정용 액체

목적 물질이 고체인 경우 용액과 분리 후에 필터상에서 액체(물, 알코올, 에테르 등)를 사용해 세정하는 일이 있다. 목적으로 하는 고체가 이들 액체와 반응 또는 용해하지 않는지 확인한다. 또 세정액이 분리된 용액과 혼합하는 경우의 위험에 대해서도 미리 파악해 둔다.

4. 여과한 고체와 공기의 반응

여과 조작에 의해 용액에 감싸져 있던 고체가 공기에 노출된다. 때문에 공기와 접촉하면 반응하는 화합물을 여과할 때는 세심한 주의가 필요하다.

고체 중에 칼륨 등과 같이 공기 중에서 발화하는 화합물을 포함할 가능성이 있는 경우는 여과 조작 전에 확실히 반응을 일으키지 않도록 해 둔다. 표면만 반응하지 않도록 하더라도 여과지상에서 고체끼리 서로 스쳐, 표면이 깎여 활성면이 노출되어 최종적으로 발화하는 일이 있기 때문에 충분히 실시한다. 그렇게 하지 못할 경우는 질소 분위기에서 여과하는 등 다른 방법을 이용한다.

5. 감압 여과

극히 소량의 여과이면 자연 여과로 충분하지만 양이 많으면 자연 여과는 시간이 걸리기 때문에 감압 여과를 한다. 감압 여과 시에는 다음의 점에 주의한다.

① 펌프를 이용해 유기 용매 등을 감압 여과하려면 전용 펌프를 사용한다.

② 펌프 배출구로부터는 고농도의 가연성 증기가 배출될 가능성이 높기 때문에 배기구 근처에 발화원이 되는 것을 두지 않는다.

③ 배기구에 호스를 접속해 드래프트 내의 천장 부근까지 유도하는 등의 방법으로 안전하게 배기한다.

④ 독성 가스나 증기를 발생하는 것을 펌프로 감압 여과하는 경우는 배기구로부터 독성 기체가 방출되는 것을 막기 위해 펌프 앞에 액체 질소 등의 트랩을 설치한다.

사고 예

① 대학 실험실에서 의약품 합성용 아지화물을 합성한 후 정제하기 위해 흡인 여과를 하던 중 폭발했다. 금속제 스패튤라 등에 의한 마찰이나 충격에 의해 급격하게 분해했을 것으로 추정된다.

② 실리카겔을 충전한 깔때기에 유기과산화물을 따르며 흡인 여과하던 중 폭발이 일어났다. 깔때기 하부에 부착되어 있던 불순물이 유기과산화물을 분해시킨 것으로 보인다.

Question >> 59 증발·농축 조작에서 유의해야 할 점

⬇ *Answer*

농축 조작이란 용액 중의 용질 농도를 높이는 조작이며, 이를 위해 용매를 증발 조작에 의해 없앤다. 주의해야 할 점에는 다음의 사항이 있다.

1. 불안정 물질 용액의 농축

자기 반응성 물질을 안전하게 취급하기 위해 희석한 상태나 용매로 적신 상태로 보관해 두는 일이 있다. 이러한 화합물이 포함된 희석 용액을 농축하면 폭발성을 나타내어 매우 위험한 상태가 된다. 농축하는 경우 분해 개시 온도 등 위험성에 관한 데이터를 사전에 충분히 조사해 둔다.

2. 용매 건고(乾固)에 의한 농축

휘발성이 높은 용매의 용액을 농축할 경우에는 입이 넓은 용기를 실온에서 방치해 두면 용매가 휘발해 농축된 용액을 얻을 수 있다.
① 용기 근처에 화기를 두지 않는다.
② 티끌이나 먼지 등이 들어가지 않게 주의한다.

128   화학 실험실의 안전

③ 휘발성 용매가 건강과 환경에 영향을 미치지 않게 적절한 제해 시스템이 있는 국소 배기 장치 내에서 실시한다. 하수에 휘발성 용매가 용해하지 않게 주의한다.

3. 가열에 의한 농축

휘발성이 낮은 용매의 용액이나 용질·용매의 비점 차이가 크지 않은 용액의 농축에서는 증류 장치를 사용해 농축을 실시할 수가 있다. 증발한 용매가 열원에 접해 발화·인화하지 않게 주의한다.

4. 감압에 의한 농축

감압하에서 용매를 증발시킨다. 로터리 증발기에 의한 농축 역시 비점이 낮은 용매를 제거하는 외에는 통상 감압장치를 사용해 감압하면서 용매를 유거(留去)한다.

① 감압 조작 개시 직후 튀어 오를 수 있으니 증발 상태가 안정될 때까지 상황을 보면서 감압 조작을 실시한다.

② 감압장치에 이용하는 펌프에 직접 용매가 들어가면 펌프의 고장 원인이 된다. 용매 회수형 펌프를 사용하는 등의 방법을 이용한다.

5. 농축 조작에 의한 반응

가열이나 농축에 의해 반응하는 화합물은 증발·농축 조작을 해서는 안 된다. 화학반응의 반응 속도는 반응물의 농도 및 온도와 강한 상관관계가 있다. 증발·농축 조작에서는 일반적으로 가열과 농축을 동시에 실시하기 때문에 화학반응을 현저하게 촉진하는 효과가 있다.

사고 예

폐액을 증류 분리한 폐수를 증발 접시에서 증발 조작하던 중, 폐수 중에 혼입해 있던 크실렌이 증발해 부분적으로 체류해 스위치의 불꽃으로 인화, 폭발했다.

Question >> 60 재결정 조작에서 유의해야 할 점

⬇ Answer

　고체 화합물을 용매로 용해시킬 때 온도를 높게 하면 용해도가 커지기 때문에 용해하기 쉬워지고, 반대로 온도를 낮게 하면 용해도가 작아지기 때문에 석출하기 쉬워진다. 이것을 이용해 미량의 불순물을 포함한 거친 결정에 약간의 용매를 첨가해서 가열하고, 일단 용해시킨 후에 서서히 냉각해 재차 석출시키는 조작을 재결정이라고 부른다.

　냉각 과정에서 주성분은 포화 용해도에 이르러 결정을 일으키지만 미량의 불순물은 포화 용해도에 이르지 않고 용액 중에 남는다.

　이와 같이 해 거친 결정으로부터 미량의 불순물이 제거되어 보다 순도가 높은 결정을 얻을 수 있으므로 결정을 정제할 목적으로 이용된다. 이 외에 화합물을 일단 녹기 쉬운 용매로 용해시킨 후 화합물이 녹지 않는 용매를 첨가해 용해도를 저하시켜 석출을 촉진하는 방법도 있다.

용매의 선택

1. 용매를 추가, 가열에 의한 고체의 용해

　사용하는 용매는 고온으로 해도 고체와 반응하지 않는 것을 선택한다. 상온에서는 반응하지 않는 조합이라도 가열했을 때 반응하는 일이 있다. 이러한 경우는 온도가 급상승해 위험하다.

폭발성 물질의 경우

폭발이 염려되는 화합물은 가열할 때 분해할 가능성이 있어 위험하다. 이러한 화합물을 가열할 필요가 있는 경우는 분해 개시 온도 등 위험성에 관한 데이터를 사전에 충분히 조사한다.

2. 냉각에 의한 고체의 석출

폭발이 염려되는 화합물을 재결정에 의해 정제하는 경우, 고순도의 폭발성 화합물이 석출되어 위험하기 때문에 가능한 한 피해야 한다. 이러한 화합물을 재결정할 필요가 있는 경우는 해당 결정의 타격, 마찰 등에 의한 위험성 데이터를 사전에 충분히 조사해 둔다.

사고 예

수용액 중의 질산은을 재결정하기 위해 메탄올을 첨가해 한층 더 가열하면서 메탄올을 다시 적하하여 스패튤라로 혼합했더니 격렬하게 폭발했다. 석출한 질산은과 메탄올이 불안정한 물질을 생성해 폭발한 것이라고 추정된다.

Question >> **61** 세정 조작에서 유의해야 할 점

↓ Answer

실험기구를 오래 사용하기 위해서라도 실험 후에는 깨끗하게 세정해 다음의 이용에 대비한다. 세정 조작을 할 때는 실험이 끝난 후여서 정신이 없는 경우가 많다. 때문에 평소에는 생각할 수 없는 사고가 일어나기도 한다. 세정도 위험한 조작임을 인식하고 집중해서 임해야 한다.

1. 세정 작업의 타이밍

세정 작업은 실험 종료 후 최대한 빨리, 실험 내용을 기억하고 있는 동안에 실시한다. 실험 후 곧바로 세정하지 않고 방치하면 기구에 무엇이 부착되어 있는지 헷갈려서 물이나 아세톤 등을 사용해도 될지의 여부를 판단할 수 없게 된다.

2. 유리 기구의 세정

유리 기구를 세정할 때는 유리가 깨져 손을 베이는 사고가 일어나기 쉽다. 특히 홀피펫과 같이 홀쭉한 형상의 것은 접히거나 손에 박히기 쉽기 때문에 주의가 필요하다.

베임 방지를 위해 가급적이면 케블라(베임 방지) 장갑을 착용하는 것이 바람직하다.

버너 등으로 가열한 유리 기구는 잠시 공랭하고 나서 세정한다. 고온의 유리에 물을 부으면 유리가 깨지는 일이 있다.

3. 세정 작업

세정액

실험기구를 세정할 때 물로는 오염을 없애기가 어려운 경우는 아세톤 등의 유기 용매로 씻어 내는 일이 있다.

① 유기 용매를 이용해 실험기구를 세정하는 경우는 기구에 얼굴을 너무 가까이 들이대 고농도의 증기를 흡입하지 않게 주의한다.

② 세정 시에 유기 용매를 대량으로 사용할 때나 톨루엔 등과 같이 독성이 강한 것을 사용할 때는 증기의 흡입을 피하기 위해 방독 마스크를 착용한다.

③ 알코올성 알칼리액은 강력하게 유기물을 제거하지만 기구를 손상시키기 때문에 장시간 담그지 않는다. 또 사용할 경우에는 방호 안경을 반드시 착용한다. 산을 이용한 세정도 마찬가지이다.

세정

① 초음파를 이용한 세정에서는 기구와 기구를 고정하는 손의 마찰로 뜨거워지는 일이 있기 때문에 주의한다.

② 세정용 브러시를 이용할 때는 선단에 의해 기구가 깨지지 않도록 주의한다.

사고 예

① 금속 나트륨을 사용한 반응이 종료된 후 잔류물을 세제로 세정한 후 한 번 더 에탄올로 세정했다. 금속 나트륨이 다 제거되었다고 판단해 플라스크 내에 물을 따랐는데 폭발이 일어났다. 금속 나트륨이 에탄올 불용염으로 덮여 있었기 때문에 에탄올 세정 중에는 안정적이었지만 물을 따르자 수소가 발생해 폭발했다.

② 내식 장갑과 고글을 쓰고 불화수소산으로 황화수소 분석 장치를 세정한 후 장갑을 벗고 맨손으로 장갑을 만졌기 때문에 약물에 중독되었다.

건조 조작에서
유의해야 할 점

🔻 *Answer*

　화합물로부터 물이나 그 외의 용매 등을 증발시켜 화합물을 말리는 조작은 화합물의
순도를 높이고 이후의 실험을 위해서도 중요하다. 고체·액체·기체를 건조시키는 경우
에는 각각 고유의 위험이 뒤따른다.

1. 고체의 건조

　고체의 건조는 공기 중의 자연 건조, 건조제를 넣은 데시케이터 내의 건조, 감압하에
서의 건조, 가열에 의한 건조 등 여러 가지 방법이 있어 건조하는 고체의 성질에 맞는 적
절한 방법을 선택하는 것이 중요하다. 니트로 화합물이나 과산화물 등과 같은 폭발성 화
합물은 가능한 한 가열 건조를 피하는 것이 좋다. 가열해야 하는 경우는 사전에 분해 개
시 온도 등 위험성에 관한 데이터를 충분히 조사해 둘 필요가 있다.

　건조제에 의한 건조

　강염기·강산의 건조제로 건조할 경우에는 고체·건조제 모두 안정된 용기에 넣어 두
되, 혼합하지 않도록 한다.

　감압하에서의 건조

　가연성 가스나 독성 가스가 발생하는 경우는 감압용 펌프에 가스가 흡입되지 않게 액
체 질소 등의 트랩을 사용한다.

　밀폐 용기에 넣어 급격하게 감압하면 고체가 흩날릴 수 있으므로 감압용 펌프와 용기
사이에 버퍼를 두거나 천천히 감압한다.

가열에 의한 건조

가열에 의해 분해 · 반응 · 발화하지 않도록 분해 온도 · 반응성 · 발화성 · 인화성에 대해 사전에 조사한다.

2. 액체의 건조

건조제를 가하는 경우

황산나트륨이나 몰레큘러시브, 수소화알루미늄리튬 등을 이용한다. 이러한 건조제는 물과 결합하면 안정한 상태가 되기 때문에 다량의 물이 존재하면 격렬하게 발열해 위험하다. 예를 들면, 수소화알루미늄리튬 등은 물과 반응해 수소를 발생하므로 발화 원인이 된다. 이러한 건조제를 이용했을 경우는 사용 후에 알코올과 완만하게 반응시켜 처리한다.

펌프를 이용하는 경우

증기압이 낮은 액체를 건조시키는 경우에는 진공 펌프를 이용하는 일도 있다. 그 경우는 펌프에 용매 등이 흡입되지 않게 용매 회수형 펌프를 이용하거나 액체 질소 등의 트랩을 붙일 필요가 있다.

3. 기체의 건조

기체의 건조에는 고체나 액체 건조제를 통과시키는 방법이 있다.

① 건조할 기체의 성질에 맞는 적절한 방법을 선택한다.

② 염화칼슘이나 수산화나트륨 · 진한 황산 등 강염기 · 강산의 건조제에 다량의 수증기를 통과시키면 물과 건조제의 반응에 의해 격렬하게 발열한다.

③ 산성 기체의 건조에 수산화나트륨을 이용하거나 알칼리성 기체의 건조에 진한 황산을 이용하면 격렬하게 발열해 위험하다.

사고 예

① 보온재를 건조실에 쌓아 건조하던 중 톨루엔이 충만해 인화 폭발했다. 보온재에 톨루엔이 함침되어 있던 것을 인식하지 못했다.

② 스틸렌을 넣은 유리 플라스크에 건조제를 넣은 액체 질소로 냉각한 후, 진공 건조를 했다. 진공도가 오르지 않기 때문에 플라스크의 파손을 체크하기 위해 뜨거운 열탕에 넣었는데 응축해 있던 유기물이 기화해 파열했다.

③ 생성물을 용해한 아세톤에 35% 과산화수소를 첨가하여 며칠 방치했더니 백색의 결정이 생성되어 여과했는데 격렬한 폭발이 일어나 실험실이 파손되었다. 과산화아세톤이 생성된 것으로 추정된다.

Question >> **63** 오토클레이브의 안전한 취급

⊕ *Answer*

오토클레이브는 고압 실험에서 이용되는 반응기이며 가스나 액의 출입구, 온도계 삽입구, 교반 장치, 안전밸브 등이 부속되어 있다.

1. 오토클레이브의 고압에 의한 위험

오토클레이브는 고압이기 때문에 위험하다. 사고를 피하기 위해서 다음의 점에 주의한다.

① 사용 가능한 온도 범위와 압력 범위 내에서 사용한다.

② 정기적으로 내압 시험을 실시해 내압이 충분히 유지되고 있는지 확인한다.

③ 정기적으로 안전밸브의 작동을 체크한다.

④ 플랜지 뚜껑의 너트를 체결할 때 볼트는 대각선상에 있는 것을 세트로 해서 차례차례 균일하게 조이되, 너무 세게 또는 느슨하게 조이지 않도록 주의한다.

⑤ 패킹은 흠집이 있는 것이나 안정적이지 않은 것을 사용하면 누설의 원인이 되어 위험하므로 흠집이 없는 적절한 크기의 것을 사용한다.

⑥ 고압 실험에서는 밸브를 서서히 개폐한다. 갑자기 밸브를 열면 단열 압축에 의해 오토클레이브 내의 온도가 급상승해 연소 등 예상 외의 반응을 일으킬 수 있다.

2. 오토클레이브의 온도에 의한 위험

온도 계측

온도계는 확실히 반응액에 잠기도록 한다. 액에 잠기지 않으면 기상(氣相)의 온도를 측정하는 것이나 마찬가지여서 현저한 응답 지연이 생겨 버리기 때문에 긴급 시 시간상 대책이 되지 않을 가능성이 있다.

교반

교반은 반응 종료 후에도 계속하는 것이 안전하다. 발열이 멈춘 것처럼 보여도 실은 서서히 반응이 진행되고 있어 축열해 핫스폿(국부적으로 고온이 된 부분)이 생성되어 반응이 폭주할 가능성도 있다. 교반은 오토클레이브 내의 온도를 항상 균일하게 하기 위해 중요하다.

3. 기타 조작상의 위험

① 밸브의 개폐 순서를 틀리면 사고의 원인이 될 수 있기 때문에 미리 작업 진행표를 작성해 두고 진행표에 따라 실시한다. 이때, 손가락으로 하나하나 짚어가면서 확인하면 좋다.

② 가연성 가스나 독성 가스를 사용하는 경우는 가스 누설 검지기를 설치한다.

사고 예

티탄제 오토클레이브의 내압시험에 산소 봄베의 산소를 사용했는데 갑자기 폭발해 실험자 5명이 화상을 입었다. 조작 중에 불꽃이 발생했거나 단열 압축으로 오토클레이브 내의 유기물이 발화해 티탄이 연소한 것으로 보인다. 티탄제 오토클레이브의 내압시험에 봄베의 산소를 이용하는 것에 기인한 사고는 때때로 발생하고 있다.

◆ *Answer*

　증류, 승화, 여과, 건조 등 화학 실험의 일부 조작에는 진공장치가 이용된다. 실험에 사용하는 진공도에 맞게 적절한 펌프를 사용해야 한다. 진공하의 실험에서는 취급하는 물질·용기·진공 펌프 각각에 주의를 기울인다.

1. 진공장치에서의 물질 취급

① 공기에 대해 불안정한 반응을 보이는 물질을 취급하는 경우 진공이 갑자기 깨져 공기가 유입하는 것을 방지한다.

② 분체·승화하는 물질을 취급하는 경우에는 날아오른 물질·기체 물질이 직접 펌프에 들어가지 않게 펌프보다 상류에 트랩을 붙인다.

2. 진공용 용기

① 접합부에 그리스를 이용한 경우는 고온에서 기밀이 유지되지 않는 일이 있다. 이러한 경우는 실리콘 그리스를 이용하면 100℃ 정도까지는 기밀을 유지할 수 있다.

② 플라스크를 진공으로 하는 경우, 보통은 감압에 강한 건류 플라스크(둥근 바닥 플라스크)를 이용한다. 삼각 플라스크 등 모난 용기는 감압했을 때 바닥이 빠질 수 있어 내용물이 누설해 위험하다.

③ 고무마개에 구멍을 뚫어 온도계 등을 꽂아 넣은 경우는 구멍의 체결부가 느슨하면

감압 시에 플라스크에 빨려 들여가 플라스크의 바닥에 부딪혀 유리가 깨질 수 있다.

④ 많은 콕이 관으로 연결되어 있는 대형 유리 진공 라인을 취급하려면 콕에 의해 어느 라인이 개통하는지를 생각하면서 콕을 조작한다.

또 콕은 한손으로 배관을 지지하고 다른 한손으로 돌려 배관에 힘을 가하지 않게 한다.

⑤ 감압과 병행해 가열을 하는 경우는 유리의 연화 온도 이상으로 가열하면 플라스크가 납작해지기 때문에 가능한 한 경질 유리제의 것을 이용하도록 하고, 300℃을 넘는 경우는 석영 등을 이용한다.

3. 진공 펌프

① 감압에 의해 가연성 가스나 독성 가스가 발생하는 경우에는 진공 펌프의 앞쪽에 액체 질소 등의 트랩을 설치한다. 트랩이 없으면 펌프유가 더러워지거나 가연성 가스나 독성 가스가 실내로 배기되어 사고의 원인이 된다.

② 진공 펌프를 사용한 후 감압을 해제하기 전에 펌프를 정지하면 펌프유가 역류할 우려가 있으므로 펌프의 전원을 끌 때는 반드시 감압이 해제됐는지를 확인한다.

사고 예

① 유리 진공 라인에서는 액체 질소의 냉각에 의해 기상 중의 산소나 아르곤이 응축되고 냉각 종료 후에 급격하게 기화해 폭발하는 사고가 적지 않다.

② 아세톤을 포함한 용제를 진공 건조했기 때문에 기화한 아세톤이 진공 건조기 기름에 용해해 건조기 내에서 기화해 폭발했다.

③ 연구소에서 CVD 장치를 운전하던 중 공기 배기용 진공 펌프가 작동하는 상태에서 수소 가스, 실란 가스가 유입되어 배기관 내가 연소했다.

④ 아크릴로 자체 제작한 밀폐 용기를 진공 펌프에 접속해 저압 실험을 하려고 했는데, 대기와의 기압 차이로 용기가 변형, 파괴되어 비산해서 실험자가 파편으로 부상을 입었다.

떡은 떡 가게

모든 일에는 각각 전문가가 있으므로 전문가에게 맡기는 것이 가장 좋다는 뜻이다.

하늘을 가리키고 물고기를 쏜다

방법이 잘못되면 아무리 애써도 쓸데없다는 것을 말한다.

임기응변

기회를 잡기 위해 변화에 따라 일을 능숙하게 처리하는 것을 말한다. 때와 경우에 따라 신속하게 최상이라고 믿는 방법을 강구하는 융통성을 말한다.

화학실험에서 이용하는 실험기구·장치는 저마다 특징이 있고 실험 조작 역시 포인트가 있다. 안전한 실험 조작을 위해서는 실험기구·장치의 특징을 이해하고 적절한 실험 조작을 실시하는 것이 중요하다.

7장 전기기기의 안전한 취급

전기기기를 안전하게 취급하기 위해서는 전기기기의 특성을 이해하고 적절한 방법으로 전기 배선 공사를 해 안전 확보에 노력하지 않으면 안 된다. 또 전기를 사용할 때는 감전, 과열, 전기 불꽃 등에 의한 사고를 방지하도록 주의해야 한다.

여기에서는 전기 배선과 안전 대책 및 전기 사용 시의 잠재 위험과 안전 대책에 대해 알아본다.

1) 전기 배선과 안전 대책
① 급전 방식·배전 방식 ② 전선　　　　③ 절연　　　　④ 접지
⑤ 개폐기　　　　　⑥ 과전류 차단기 ⑦ 배선 공사　⑧ 기타

2) 전기 사용 시의 잠재 위험과 안전 대책
① 감전　　　　　　② 과열에 의한 화재
③ 전기 불꽃에 의한 가연성 가스의 발화　④ 기타

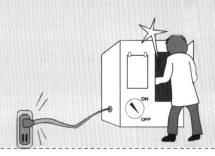

전기 배선 작업을
안전하게 하려면

🔻 *Answer*

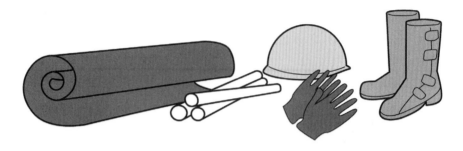

전기 배선 작업 중에 일어날 수 있는 사고로는 감전의 위험이 있다. 다음의 사항을 준수하여 작업을 실시한다.

1. 전기 배선 작업

① 작업을 실시할 때는 사고 방지나 기기 보호를 위해 정전 상태에서 실시한다.

② 상황에 따라서는 정전하는 것이 불가능한 경우도 있기 때문에 고무장갑, 고무시트, 고무장화, 방호관 등의 방어용 기구를 착용하고 작업을 실시한다.

③ 공구류는 대부분이 금속제이므로 접촉으로 인한 쇼트가 일어나지 않게 충분히 주의를 기울인다.

④ 높은 곳에서 작업하는 경우에는 헬멧과 안전벨트를 착용해야 한다.

⑤ 벽면의 콘센트나 스위치 등 상류의 배선 공사는 전기공사 면허가 없는 사람이 해서는 안 된다.

2. 전기 배선

벽면의 스위치나 콘센트에서 장치까지의 배선에 대해 알아본다. 가연성 가스가 차 있으면 작은 전기 불꽃에도 발화하기 때문에 어느 경우든 가스관으로부터 10cm 이상 떼어 놓는다.

바닥 배선

전기류나 테이블 탭은 바닥에 굴러다니는 일이 많은데, 전선류를 보호할 필요가 있다.

특별히 사람이 지나다니는 부분에는 반드시 보호 조치를 해야 한다. 가장 간편한 방법은 와이어 프로텍터를 이용하는 것이다.

벽면 배선

나무 벽의 경우 스테이플러로 고정하는 방법이 간단하다. 다만 스테이플러로 고정한 경우 전선으로는 케이블을 사용한다. 콘크리트 벽 등의 경우는 특별한 부품이 필요하므로 업자에게 의뢰한다.

가공 배선

케이블 랙을 배치하고 그 위에 배선하는 것이 최선의 방법이다. 그러나 불가피하게 일시적으로 다른 구조체를 이용해 매다는 경우에는 케이블을 사용해 적절한 간격으로 매달아 지지한다. 낙하했을 때에 대비해 스위치나 단자의 접속부에 장력이 더해지지 않도록 한다.

기타

벽이나 칸막이에 구멍을 뚫어 통과시키는 경우에는 전선류가 손상되지 않게 보호한다. 간단한 방법으로는 비닐 호스를 찢어 코드를 감싼다.

사고 예

① 배전반 배선을 직접 했는데, 피복 전선을 사용하지 않아 배선이 누설한 용제에 접촉해 화재가 났다.
② 테이블탭의 문어발식 배선으로 테이블탭이 정격용량을 초과하여 고온이 되어 변형했다.

🔻 *Answer*

　전기 사용 시에는 감전 외에 과열에 의한 화재, 전기 불꽃에 의한 가연성 가스의 폭발 위험이 있다. 과열이나 전기 불꽃이 발생했을 때 가연성 물질, 인화성 물질 또는 가연성 가스, 분진 등이 근처에 존재하면 발화해 화재·폭발을 일으킨다. 따라서 다음의 사항에 주의를 기울여 전기 화재의 예방·확대 방지에 힘써야 한다.

1. 전기 사용 시의 위험
전기 사용에서는 다음과 같은 발열·불꽃 발생의 위험이 있다.
① 누설 전류에 의한 줄열의 발생
② 기기 및 전선의 과부하에 의한 발열
③ 전선 접속부의 접속 불량에 의한 발열
④ 스위치 ON/OFF 시의 전기 불꽃이나 아크
⑤ 전선 간 합선 시의 전기 불꽃
⑥ 정전기적 대전에 의한 전기 불꽃

2. 전기 화재 예방 방법
① 정기적인 절연 테스트를 실시해 누전의 조기 발견에 노력하는 동시에 기기의 보안 점검을 충분히 실시한다.

② 코드류의 피복 파손 및 변색이 없는지 확인한다. 특히 코드의 인출구나 낡은 코드류는 주의가 필요하다.

③ 인화성 물질, 가연성 물질을 스위치나 발열 기기의 근처에 두지 않는다.

④ 가연성 가스나 분진이 방에 충만하지 않게 주의한다. 부득이하게 강행해야 하는 실험에서는 방폭 장비를 장착하고 위험 경보기를 설치해야 한다.

⑤ 이상한 소리나 냄새가 없는지 확인한다. 누전이나 절연물의 열화, 방전 및 과전류의 원인이 되는 모터류의 회전이 불능일 가능성이 있다.

⑥ 절연성이 높은 플라스틱 등은 정전기가 발생해 방전 불꽃을 일으킬 수 있으므로 도체화나 접지법에 의한 대전량이 감소하는 것을 고려해야 한다.

⑦ 접지선의 접속을 확인한다. 장치를 이송시켰을 때 설치하는 것을 잊지 않게 주의한다.

⑧ 정전, 단수 시의 대처법을 미리 고려해 둔다.

3. 전기 화재 소화 방법

전기 화재에서는 감전 · 쇼트에 의한 2차 재해가 발생할 우려가 있기 때문에 물을 이용한 소화 방법은 위험하다.

① 전기 사고에 의해 화재가 발생했을 때는 특별한 사정이 없는 한 전원을 차단하고 나서 소화 활동을 시작한다.

② 특별한 사정으로 통전한 채 소화할 때는 물을 이용하면 감전 · 쇼트 등의 우려가 있기 때문에 분말 소화기나 이산화탄소 소화기 등의 가스계 소화기를 이용한다.

③ 재해 발생 시에 전원을 차단할 수 없는 사정이 있는 경우는 사고에 대비해 특별한 대책을 세워 둘 필요가 있다.

사고 예

대학 실험실에서 전자 빔 발생 장치로 실험을 하던 중 전압기가 고장 났다. 장치의 스위치를 차단하지 않고 전압기를 만졌기 때문에 감전된 것이다. 스위치를 차단해도 콘센트에 접속한 상태에서는 기기 내부에 고전압이 존재하기 때문에 사고가 일어날 수 있다.

Question >> 67 감전과 방지법

● Answer

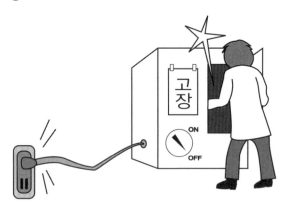

　감전이란 전류가 인간의 몸의 일부를 흐르는 것에 기인하는 증상으로 가장 직접적인 전기 재해이다. 감전은 배전선이나 전기기기의 통전부나 대전부에 접촉·접근하면 전류가 인체를 통해서 대지나 선 사이에 흐르는 것에 의해 발생한다. 특징은 순식간에 일어나는 사고로 사망으로 이어진다는 점이다. 나아가 전도나 추락 등 2차 재해를 수반하기도 한다. 감전 시 인체에 미치는 영향은 전류의 크기나 흐르는 시간, 통로에 따라 크게 다르며 개인차도 있다. 아래 표에 감전 시 인체의 영향에 대해 표시했다.

감전 시 인체의 영향(50~60Hz, 교류)

전기량(mA)	인체 영향
1	감각으로 감지
5	상당한 고통
10	참기 어려운 고통
20	근육의 경련·수축, 감전 회로부로부터 자력으로 이탈 불능
50	호흡 곤란, 시간이 길면 생명에 위험
100	거의 치명적

　전압이 높을수록 위험하다. 통계상 40~60V 이상은 감전으로 인해 사망할 위험이 있다고 판단된다.
　감전 방지 방법은 사용하는 전기기기에 따라 대책이 다소 다르지만 일반적으로 다음의 사항에 주의할 필요가 있다.

① 300V의 고전압이나 대전류의 대전부 및 통전부에 접근 또는 접촉하지 않게 절연 재료로 차폐하고 위험 구역을 마련한다. 다만, 절연 재료 중에서도 페놀 수지 등은 충전제에 따라서는 고전압으로 사용 시에 상당한 누설 전류가 생길 수 있다.

② 전기기기의 접지를 철저히 한다. 고전압, 대전류 기기의 경우 접지저항을 수Ω 이하로 한다. 이때, 가스관을 접지로 절대 이용하지 않는다.

③ 배선 등의 작업 시는 정전 상태로 하고 접지봉 등으로 대전, 통전 상태가 아닌지를 확인한다. 부득이하게 정전할 수 없을 때에는 방어용 기구를 착용한다.

④ 고전압, 대전류를 취급하는 경우에는 2명 이상이 실시하되, 1명은 감시 역할을 맡아 명령 체계를 명확하게 정한다. 특히 단독으로 작업하지 않는다.

⑤ 전기가 통하기 쉬운 바닥(지면, 콘크리트, 금속 마루)에서 작업할 때는 전류가 흐르기 쉽기 때문에 특별히 주의한다.

⑥ 전선이나 단자의 노출을 피한다. 가변 저항기, 변압기 등의 단자는 노출되어 있는 것이 많기 때문에 커버를 씌우는 등 안전에 만전을 기한다.

⑦ 콘덴서는 정전 시에도 축전하고 있는 경우가 있으므로 확실히 접지하고 작업 도중에는 제거하지 않도록 한다.

⑧ 땀이나 물 등으로 손이 젖어 있으면 감전될 수 있으므로 작업 시는 충분히 손을 건조시킨다. 여름철에는 땀을 흘리기 쉬운데다 습도가 높기 때문에 각별한 주의가 필요하다.

⑨ 이상의 조치에도 불구하고 감전 사고가 생겼을 때는 신속히 정전한다. 그러나 섣불리 감전된 사람에게 다가가거나 접촉하면 2차 감전의 우려가 있기 때문에 접지를 확인하고 나서 구조한다.

사고 예

① 오른손으로 200VAC의 전원에 접촉했기 때문에 손가락 끝 15cm가량이 화상을 입어 2~3주간 작업을 할 수 없게 됐다.

② 연소 가스의 분석 실험 중 가스 분석 장치가 고장 나 스위치를 끄고 분석 장치 내부에 손을 넣었다가 감전됐다 콘센트를 뽑고 나서 작업을 했어야 했다.

Question >> 68 과열의 원인과 방지법

⬇ Answer

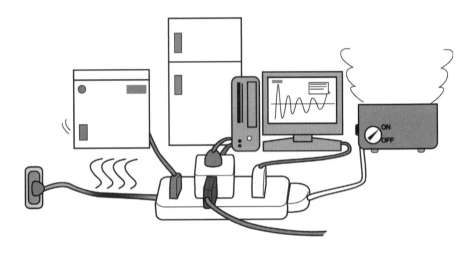

1. 과열의 원인

과열의 원인으로는 다음의 요인을 들 수 있다.

단락(쇼트)

쇼트가 되면 대전류가 흘러 쇼트점(点)이 수 천℃까지 상승한다. 코드 전체도 고온이 되기 때문에 절연 피복이 발화해 유독 가스의 발생이나 화재의 원인이 되기도 한다. 또 회로가 오작동해 회로에 설계값을 넘는 전류가 흘러 저항기나 콘덴서 등이 이상 발열할 수 있다. 퓨즈나 브레이커를 차단하지 않으면 화재로 이어진다.

과전류에 의한 과열

코드에 정격 이상의 전류를 계속 흘리면 발열한다. 특히 문어발식 배선은 과전류가 되기 쉽다.

접촉 불량이나 반단선에 의한 발열

콘센트나 테이블탭과 플러그의 설치나 접속이 느슨하면 접촉저항이 커져 발열한다. 또 코드의 굴곡이 심한 부분이나 중량에 의해 눌린 부분은 반단선 상태가 되어 발열한다. 더욱 더 단선이 진행하면 코드 내부에서 불꽃이 발생해 피복의 발화에 이른다.

마찬가지로 누전도 피복의 발화로 이어질 수 있다.

2. 과열에 의한 화재 방지 대책

과열에 의한 화재 방지 대책에는 다음의 방법을 들 수 있다.

① 정격 이상의 전류를 흘리지 않는다.

② 쇼트됐을 때의 에너지를 최소한으로 억제하기 위해 퓨즈나 브레이커의 용량은 필요 이상으로 크게 하지 않는다.

③ 적절히 누전차단기를 설치한다.

④ 누전차단기가 동작해 정전이 되어 불편하다면 경보만 울리는 누전차단기를 사용한다. 절연 상태가 불량한 경우 반드시 누전차단기가 작동하는 것은 아니기 때문에 절연저항은 정기적으로 측정한다.

⑤ 절연저항은 정기적으로 측정한다.

사고 예

① 실험실 내의 조명기구가 과열되어 소실됐다. 실내에서 사용하는 전기기기가 많아 문어발식 배선을 한 탓에 과부하가 되었다.

② 디니트로톨루엔 합성반응 뒤 함유하고 있던 모노니트로톨루엔 등을 증류 제거하는 공정에서 증류탑 내에 남아 있던 디니트로톨루엔이 과열해 내용물이 분출, 자연 발화해 보일러가 폭발했다.

③ 폐플라스틱을 열분해해 가스화하는 실험 플랜트에서 용융 플라스틱이 분출·발화했다. 용융로의 온도를 제어하는 냉각수가 부족해 노내 온도가 과열되어 내압이 상승한 것이었다.

전기 불꽃의 발생 원인과
방지법

⬇ *Answer*

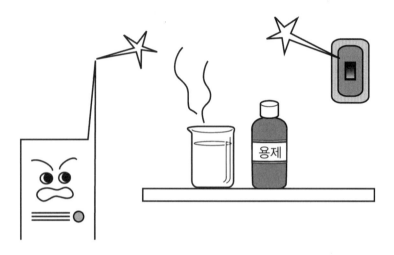

전기 불꽃은 공간을 사이에 두고 떨어져 있는 물체에 전위차가 있어 그 사이에 전류가
흐르면 생긴다. 가연성 가스 등이 충만해 있는 실내에서 전기 불꽃이 발생하면 발화해
화재의 원인이 된다. 전기 불꽃의 유인은 여러 가지이고, 각각 다음과 같은 대책을 강구
한다.

1. 기계적 접점(스위치류)에 의한 전기 불꽃

정상 동작 상태에서도 전기 불꽃이 발생하는 일이 있기 때문에 방폭 스위치나 반도체
스위치를 사용한다.

2. 쇼트, 누전에 의한 전기 불꽃

정기적으로 사전 점검을 해 이상이 없는지 확인한다.

3. 모터, 발전기 브러시의 전기 불꽃

소형 기계에서도 전기 불꽃이 생기는 일이 있기 때문에 밀폐 구조로 하거나 브러시 없
는 기기를 사용한다.

4. 마찰 대전에 의한 전기 불꽃

도전성 소재를 사용하여 대전을 방지한다.

5. 고전압에서의 코로나 방전 발생

도체가 날카로우면 고전압 측뿐 아니라 접지 측에서도 방전이 생기기 때문에 선단에 금속 공이나 링 등을 달아 둥글게 한다.

6. 기타

절연성 액체나 분체를 고속 이동시키면 대전해 전기 불꽃이 발생하는 일이 있고, 가령 가연성인 경우는 폭발 사고의 원인이 된다.

사고 예

① 테플론 튜브를 사용해 실험대 위의 대용량 비커에 들어간 에테르 폐액을, 바닥에 놓인 폐액 탱크로 이송하던 중 폐액 탱크에서 화염이 일어났다. 에테르 이송 중에 정전기가 발생해 튜브 단말로부터 방전해 에테르 증기에 인화했다.

② 대학 실험실의 실내등을 점등하자 스위치에서 불꽃이 발생했다. 스위치가 노후화되면 유기 용매 사용 시에 증기 농도가 높아져 화재가 발생할 가능성도 있다.

③ 유압식 시험기의 변압기에서 출화했다. 고장이 나 수리를 하는 과정에서 전선의 피복을 제거한 후 재피복을 제대로 하지 않았기 때문에 누전 발화했다.

만반의 준비를 한다
모든 준비를 갖추고 기다리는 것을 말한다.

배는 물보다 불을 무서워한다
외부의 재해에 대한 준비는 충분하므로 걱정 없지만 내부에서 일어나는 재난이 무섭다는 것을 말한다. 사람은 매사에 외적의 방어는 준비하지만 내적에는 방심하기 쉽다는 뜻이다.

화학실험에서는 전기기기를 이용하는 일이 많다. 화학약품이나 실험기구 · 장치의 안전한 취급에 몰두한 나머지 전기기기의 안전을 소홀히 해서는 안 된다.

8장 VDT 작업의 안전

　　VDT 작업이 증가함에 따라 근골격계 장애, 시각 장애, 스트레스 등의 건강 장애 발생이 증가하고 있다. VDT 작업을 적절히 실시하기 위해서는 기기의 설치, 실내 환경, 작업 자세, 작업 관리 등을 충분히 배려하는 것이 필요하다. 여기에서는 VDT 작업과 건강 장애 및 VDT 작업의 안전 대책에 대해 알아본다.

　1) VDT 작업과 건강 장애
　　　근골격계 장애, 시각 장애, 스트레스
　2) VDT 작업의 안전 대책
　　　기기 설치, 실내 환경, 작업 자세, 작업 관리

Question >> **70** VDT 작업에 수반하는 건강 장애

⬇ *Answer*

　　VDT(Visual Display Terminals) 작업이란 PC 모니터 등의 표시 화면을 갖춘 정보 단말을 이용해 실시하는 작업으로, 일본의 후생노동성은 VDT 작업 가이드라인에서 「사무실에서 행해지는 VDT 작업(디스플레이, 키보드 등으로 구성되는 VDT 기기를 사용해 데이터의 입력·검색·조합 등, 문장·화상 등의 작성·편집·수정 등, 프로그래밍, 감시 등을 실시하는 작업)」으로 규정하고 있다.

　　장시간의 VDT 작업에 수반하는 건강 장애로는 눈 증상, 운동기 증상, 정신 노이로제 증상 등이 알려져 있다(VDT 증후군). 각 증상은 자각 증상에 의한 것이 많아 객관적인 진단이 어려운 것이 특징이다. 또 체질이나 컨디션, 연령이나 성별에 따라서도 증상이 나타나는 방법에 차이가 있어 개인적 요인에 크게 영향을 받는다. 때문에 상기 가이드라인에서는 작업자의 건강 상태를 올바르게 파악해 건강 장애를 방지하기 위해 작업자에 대한 건강 관리와 작업 관리를 요구하고 있다. VDT 증후군의 주요 증상에는 다음의 것이 있다.

1. 눈 증상
눈의 피로, 쓰라림, 충혈, 침침함, 건조, 시력 저하 등

2. 운동기 증상

어깨 결림, 목 결림, 목·어깨·팔의 통증과 나른함, 손저림, 허리 통증 등

3. 정신 노이로제 증상

두통, 불면, 무기력, 피로감, 식욕 부진, 짜증, 우울 증상 등

4. 내과적 건강 장애

자율신경 실조증, e혈전증, 저혈압증 등

5. 전자파의 영향

VDT 도입 초기에는 브라운관에서 누설되는 전자파가 백내장, 이상 임신, 이상 출산, 불임, 자연 유산, 발진 등 신체에 악영향을 미치는 것으로 알려졌지만, 이후 VDT 기기에서 누설되는 전자파는 낮은 수준으로 밝혀졌고 신체에 영향을 주어 건강 장애를 미친다는 분명한 임상적 데이터는 보고된 바 없다.

사고 예

장시간의 VDT 작업, 특히 복잡한 데이터 처리 작업을 하다 보면 극도의 피로감을 느끼고 마우스 조작을 많이 하여 머리, 팔, 어깨 장애를 유발하는 예도 있다.

Question >> **71** VDT 작업의 건강 관리

● *Answer*

    VDT 증후군을 예방하기 위해서는 작업 환경·작업 시간·작업 자세 등을 개선해야한다. VDT 작업에 의한 불쾌감이나 아픔을 참거나 방치하면 증상이 악화되어 질병이나 건강 장애로 이어지는 일이 있다.

    일본의 후생노동성은 VDT 작업자의 심신 건강을 위해서 VDT 작업에 따른 노동 위생 환경 관리를 위한 가이드라인을 정하고 있고 그 내용은 조명이나 의자의 설계 고안, 사용자 인터페이스의 설계, 입력 오류를 수정하기 쉬운 소프트웨어 설계로 긴장감의 경감 등 다방면에 이른다.

1. VDT 작업 환경

광환경 관리

  ① 조명은 루버나 심저 형광 등을 이용해 방이나 주변의 밝기를 조정한다.

  ② 문자와 화면의 밝기 비율(콘트라스트)을 최적의 상태(눈부시지 않고 읽기 어렵지 않을 정도)로 조절한다. 지나치게 밝으면 눈에 대한 자극이 너무 강해서 낮게 조절하는 것이 필요하다.

  ③ 반사나 글레어를 방지하기 위해 광원(창, 조명 등)에 대해 직각이 되도록 화면을 배치한다. 그래도 개선되지 않는 경우는 목적에 맞는 최적의 필터를 장착한다.

VDT 기기, 주변기기의 소음을 줄인다.

2. VDT 작업 시간
① 한 번의 작업 시간이 1시간을 넘지 않게 한다.
② 연속 작업 사이사이에 10~15분의 휴식 시간을 갖는다.
③ 한 번의 작업 시간 내에 1~2회 정도 1~2분가량 휴식을 취한다.

3. VDT 작업 자세
부자연스러운 자세에서 VDT 작업을 하면 몸에 부담을 준다.

눈
① 눈과 디스플레이의 거리를 40cm 이상 떼어 놓는다.
② 시선은 조금 화면을 내려다보도록 디스플레이를 배치한다.
③ 눈이 마르지 않게 눈을 자주 깜빡인다.
④ 노안 등에 의해 초점 거리의 조절력이 약해 초점을 맞추기 어려운 경우 VDT용 안경(초점 거리가 약 40~50cm)을 착용한다.
⑤ 가끔 3m 이상의 먼 물건을 바라보며 초점을 맞춘다.

목·어깨
① 목을 굽히거나 머리를 앞쪽으로 기울이지 않는다.
② 어깨의 힘을 빼되, 둥글게 몸을 말지 않는다.

허리
① 의자 등받이에 체중이 실리도록 조절할 수 있는 의자를 사용하면 좋다.
② 등을 굽히지 말고 의자 등받이에 붙인다.

다리
① 발바닥이 지면에 닿게 조절한다.
② 필요에 따라서 발판을 사용한다.
③ 다리를 꼬면 혈액 순환 불량이나 자세의 균형이 무너진다.

작은 적을 보고 무시한다

약한 적이라고 해서 방심하면 생각지도 않은 낭패를 당한다.

작은 일을 얕보지 말라

작은 일이 원인이 되어 큰 일이 일어나므로 작은 일을 소홀히 해서는 안 된다.

화학실험에서는 데이터 처리나 해석 등을 위해 책상 업무를 해야 하는 일도 적지
않다. 화학실험의 안전뿐 아니라 VDT 작업의 안전에 대해서도 신경을 써야 한다.

9장 무인실험과 무인운전의 안전

화학실험을 하거나 실험설비를 사용하는 중에 이상 징후가 발견된 경우는 실험자가 입회하여 즉각 대응할 필요가 있지만, 적절한 안전설비를 설치해 이상의 발생이나 확대 방지에 대응할 수 있는 안전 대책을 강구해 두면 무인실험이나 무인운전이 가능하다.

무인실험을 하려면 이상의 발생이나 확대에 대응할 수 있는 적절한 안전장치의 설치와 안전한 기구의 사용 등이 필수이다.

또 전기 관련, 급배수 관련, 가스의 사용 등에 수반하는 무인운전 시에는 각 유의사항을 이해하고 확실히 대처 방안을 강구해야 한다.

여기에서는 무인실험 관련, 전기 관련 무인운전, 급배수 관련 무인운전, 가스 관련 무인운전, 그 외의 안전을 위한 유의사항에 대해 살펴본다.

1) 무인실험 관련
① 안전장치의 설치 ② 안전한 기구의 사용 ③ 기타
2) 전기 관련 무인운전
① 냉장고 ② 유욕 항온조 ③ 회전 진공 펌프
3) 급배수 관련 무인운전
① 누수 ② 단수
4) 가스 관련 무인운전
5) 기타

Question >> 72 무인운전 실험에서 유의해야 할 점

◆ Answer

   무인운전을 수반하는 실험은 충분한 경험이 있고, 무인운전을 해도 실험이 정상적으로 진행된다는 것이 확실한 경우에만 실시해야 한다. 때문에 새로운 장치나 경험이 없는 실험을 무인으로 행해서는 안 된다. 무인실험을 철야에 걸쳐서 실시하는 경우, 사고가 나도 주위에 피해가 미치지 않도록 실험 장소나 조건을 선정할 필요가 있다.

   실험에서 무인운전을 하려면 아래의 사항에 주의를 기울여야 한다.

1. 무인운전 시의 국소 배기 장치(드래프트) 사용

① 국소 배기 장치 중에 불필요한 약품이나 기구 등을 두지 않는다. 특히 약품은 불이 났을 경우 발화할 가능성이 있다.

② 충분히 장치가 배기하고 있는지 확인한다.

2. 무인운전 시의 가스 사용

   실험장치가 파손되거나 연결부가 어긋나 장치에서 가스가 누출되는 경우가 있다. 무인운전에서는 응급 대처를 할 수 없기 때문에 충분한 예방 대책을 강구한다.

① 기체를 유통시키는 실험장치의 배관 재료는 스테인리스관을 이용하고 연결부는 볼트를 체결해 바이톤 패킹을 이용하는 것이 바람직하다.
② 가압에 약한 진공용 고무관을 불가피하게 이용하는 경우는 아세틸렌용 가압 제품을 이용한다.
③ 누설된 기체가 가연성 혼합 기체를 생성하지 않게 실내 공기의 배기에 신경 쓰고 분출되는 산소 앞에 가연성 물질을 두지 않는다.
④ 기체의 누설은 압력 변화로 검지할 수 있기 때문에 압력형 차단 릴레이나 전자 밸브, 정전 스위치를 설치한다.

3. 기타
① 무인운전이나 심야에 실험을 실시한다는 취지를 명기한 종이 등을 실험실 입구나 실험장치, 사용 전원 등에 부착한다.
② 실험실 입구에는 긴급 시에 대비하여 대응 방법이나 실험 내용, 연락처 등을 명기해 둔다.

사고 예

① FID 가스 크로마토그래피에 의한 심야 실험을 하던 중 무인 분석실 내의 배관으로부터 수소가 누설해 폭발했다.
② 장시간의 반응실험으로 심야에 냉각수의 배관이 빠져 바닥에 물이 넘쳐 아래층 분석실의 분석장치가 물에 젖어 고장 났다.
③ 화학발광법으로 대기 중의 오존이나 이산화질소를 무인 계측하던 중에 화재가 발생했다. 측정기에 에틸렌을 공급하는 가스 봄베의 배관 접속 부위에서 누설이 발생했다.

전기설비의 무인운전에서
유의해야 할 점

● Answer

　전기설비, 특히 전기냉장고나 유욕 항온조, 회전 진공 펌프를 사용할 때는 다음과 같은 주의가 필요하다. 또 무인운전 중에 정전 혹은 정전이 복귀(통전)될 수도 있다. 이로 인해 위험한 상황이 초래될 수도 있기 때문에 충분히 대책을 강구해 둘 필요가 있다.

1. 전기냉장고

① 알코올은 쉽게 휘발하기 때문에 가연성 혼합 기체가 형성된다. 따라서 냉장고에 그런 물질을 보관할 때는 특히 주의가 필요하다.

② 안전하게 보관하기에는 방폭형 냉장고가 적합하다.

③ 책임자는 정기적으로 냉장고를 열어 냄새가 나지 않는지 확인한다. 필요에 따라서 조인트나 열접착 등의 대책을 강구한다.

2. 유욕 항온조

① 식용유나 파라핀유 등 쉽게 불타는 욕액은 120℃까지를 기준으로 하고 고온용으로 이용하지 않는다. 열화가 시작되면 가속도적으로 진행하므로 제때에 교환한다.

② 난연성의 관점에서 욕액으로는 Kel-F나 실리콘 오일이 추천되고 있다.

③ 욕온 제어 전류는 욕온의 일정성 유지나 릴레이 접점의 보호를 위해 작게 취한다.

④ 접점 기구는 전류 용량에 맞는 것을 선택한다. 수은 접점형이나 바이오 메탈형도 포함해 온도제어장치는 산화에 의한 열화로 갑자기 작동하지 않을 수 있다.
⑤ 전선을 이용할 때는 허용전류를 정확히 조사해 사용한다. 비닐 피복 전선을 발열체에 이용하지 않는다.

3. 회전 진공 펌프
① 회전 벨트는 열화할 수도 있으므로 정기적으로 교환한다.
② 벨트가 느슨하면 모터가 저부하로 회전하게 되어, 모터나 벨트가 타는 일이 있기 때문에 축 간격을 올바르게 조절한다.
③ 회전하는 벨트에 작업복의 소매나 옷자락이 말려 들어갈 우려가 있기 때문에 벨트 가드를 장착한다.
④ 역류 방지 기능이 없는 진공 펌프는 정전이 되면 기름이 역류할 수 있기 때문에 진공계 사이에 기름 저장소를 설치한다.

사고 예

① 2년간 보관하고 있던 아크로레인이 냉장고 안에서 폭발했다. 냉장고 안의 디메틸 아민이 기화해 중합성 물질인 아크로레인 보존 용기에 침투하여 중합을 일으킨 것으로 추정된다.
② 장기 휴업으로 연구실 내의 전원을 차단했는데, 약품용 냉장고의 전원까지 차단 하였기 때문에 냉장 저장해야 할 과산화물이 가속도적으로 분해했다.
③ 약품 냉장고의 설정 온도가 규격값보다 높았기 때문에 에테르가 기화 충만해 냉장고의 불꽃에 의해 폭발했다.

Question >> **74** 급배수 설비의 무인 운전에서 유의해야 할 점

⬇ *Answer*

일반적으로 냉각수로는 수돗물을 사용사여 무인운전을 하는 일이 많다. 무인운전 중에 단수가 되거나 수압이 낮아지면 장치가 이상 고온이 되어 위험하다. 무인운전에서는 비상시의 대응이 불가능하기 때문에 누수 시나 단수 시에 대비하여 다음의 사항에 주의할 필요가 있다.

1. 누수
① 수압이 상승하면 고무관이 고정 도구로부터 빠지는 일이 있기 때문에 세탁기나 자동차의 난방기 등에 이용되고 있는 체결 도구를 이용해 완전하게 고정한다.
② 고무관은 열화하기 때문에 빨강 고무관이 아닌 아세틸렌용 가압용 고무관을 이용한다.
③ 다량의 물을 흘리는 경우는 압력형 단수 릴레이를 장착한다.

2. 단수
① 예기치 않은 단수가 생길 가능성을 고려해 둔다.

② 장치의 과열 방지 및 보호를 위해 압력형 단수 릴레이를 이용해 전원을 끈다.

3. 기타

① 수압이 낮아져 이상 발열이 일어날 수 있는 장치의 경우에는 수량 센서를 장착해 수량이 일정치 이하가 되면 자동으로 전원이 차단되도록 한다.

② 수압이 높아지면 과냉각이나 누수 등의 문제를 일으키는 일이 있기 때문에 수량 조절 장치나 급수원을 닫는 전자 밸브 회로를 장착한다.

사고 예

① 장시간의 반응 실험을 하던 중 심야에 냉각수의 배관이 빠져 바닥에 물이 넘치는 바람에 아래층 분석실의 분석 장치도 물에 젖어 고장 났다.

② 심야 운전 중 NMR(핵자기 공명 스펙트럼) 분석장치의 고무 냉각 배관이 새 누수 됐다. 발견할 때까지 누수가 계속되었기 때문에 인접한 기기 분석실까지 침수됐다. 원인은 고무 배관을 쇠장식으로 고정하지 않았기 때문으로 야간의 수압 상승이 평소보다 커서 빠졌다.

유사 사례 : 야간에는 전력도 상승하기 때문에 무인 가열 조작 시 예상 이상으로 히터 온도가 상승하는 예도 있다. 무인으로 전기 가열을 하는 경우는 정전압 장치나 온도 센서를 이용할 필요가 있다.

수영 잘하는 사람이 익사한다
사람은 자신이 자랑으로 여기는 재능을 과신하여 오히려 재난을 부른다는 것을 말한다.

후회막급
일이 끝나 버리고 나서 후회해 봐야 더 이상 돌이킬 수 없다는 것을 말한다.

무인실험이나 무인운전을 할 때는 그에 따른 잠재 위험을 이해하고 후회하지 않도록 충분한 준비를 하는 것이 중요하다.

10장 방화와 방폭

약품을 취급하는 경우에는 화재나 폭발이 일어날 우려가 있다. 따라서 약품의 특성을 이해하고 약품에 의한 화재나 폭발의 발생을 예방하는 것이 중요하다.

가연성 가스가 발생할 우려가 있는 기기에는 방폭기기를 사용하고 화재가 발생할 우려가 있는 경우에는 화재의 발생에 대비해 소화제를 준비해야 한다.

화재나 폭발이 발생하는 경우에 대비해, 피해가 확대되는 것을 방지하기 위한 적절한 조치를 이해함과 동시에 평소 훈련을 통해 사고 시에 대비하는 것이 중요하다. 또 피난 통로의 확보도 고려할 필요가 있다. 게다가 야간에 사고 등이 발생했을 경우에 대비해 연락 체제를 숙지해 두는 일도 중요하다.

여기에서는 화재·폭발의 예방, 소화제, 방폭기기, 화재가 일어났을 때의 조치, 폭발이 일어났을 때의 조치, 피난 및 야간의 비상 연락에 대해 알아본다.

1) 화재·폭발의 예방

2) 소화제

3) 방폭기기

4) 화재가 일어났을 때의 조치

5) 폭발이 일어났을 때의 조치

6) 피난

7) 야간의 비상 연락

Question >> 75 화재 · 폭발 예방상 유의해야 할 점

⬇ Answer

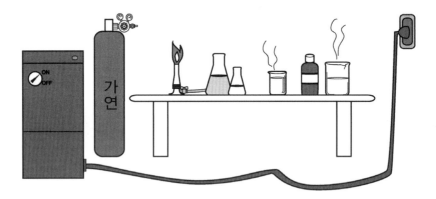

실험에는 많은 재해가 따르기 마련인데, 그중에서도 가장 발생 빈도가 높고 피해가 확대하기 쉬운 재해가 화재이다. 또 폭발은 돌발적이며 위력이 큰 재해이다. 방화는 이러한 재해를 막는 데 있어 가장 중요한 대책이다. 방화에 대해서는 여러 조직기관에서 대책을 담은 지시가 나와 있는 경우가 많기 때문에 거기에 따라야 하지만 스스로 아래의 사항에 주의를 기울여 방화 대책에 노력해야 한다.

1. 방화의 일반적 주의사항

① 규정 수량을 넘는 위험물을 실험실에 두지 않는다.

② 인화성 용제는 필요한 양만큼 조금씩 덜어 사용한다. 필요 이상으로 이용하면 화재의 확대나 비난의 대상이 되는 결정적인 요인이 되기도 한다.

③ 열원 근처에 인화성, 가연성 물질을 두지 않는다.

④ 스위치, 퓨즈, 전기 코드는 규격품을 이용하고 바닥에 돌아다니는 배선이나 문어발식 배선도 피한다. 정전기가 발화원이 될 수 있다.

⑤ 평소 실험실의 정리정돈에 유의한다. 흩어진 종이는 화재가 확대되는 요인이 된다.

⑥ 위험을 수반할 가능성이 있는 실험은 야간을 피하고 혼자서 하지 않는다.

⑦ 실험실 내는 사고가 일어나도 그 자리에서 전원이 피난할 수 있도록 장치류를 배치하여 안전한 출구를 확보한다.

⑧ 방화문, 소화전 주변이나 복도, 비상계단에 장애물을 두지 않는다.
⑨ 소화기나 방호용구 등 방화설비는 정기적으로 점검한다.

2. 화기를 사용하는 실험 시 주의사항

화기를 사용하는 실험을 실시할 때는 특히 다음의 사항을 확인할 필요가 있다.

① 화기 근처에 인화성 물질을 두지 않는다. 예를 들면, 에테르가 열려 있는 상태라면 1m 거리에서도 쉽게 인화한다.
② 인화할 우려가 있는 실험을 실시할 때는 인화 시의 행동을 사전에 생각해 둔다. 가스 마개 및 전원을 어디서 차단하는지, 소화기는 어디에 있는지 등.
③ 불이 났을 때의 피난 경로를 정리해 확보한다.
④ 사용 후 불의 뒤처리를 반드시 확인한다. 화기 사용 기구는 불연성 받침대에 둔다.

3. 폭발의 예방

화기가 없어도 조건에 따라서는 정전기나 마찰 등으로도 폭발이 일어나는 일이 있으므로 다음의 점에 주의한다.

① 실내를 환기시켜 폭발성 혼합 기체의 형성을 방지한다.
② 가연성 가스가 발생할 가능성이 있는 것은 방폭형 냉장고 등에 보관한다.
③ 가연성 가스나 분진이 실내에 충만하지 않게 주의한다. 단, 불가피하게 사용해야 하는 실험에서는 방폭장치를 장착하고, 위험 경보기를 설치해야 한다.

Question >> 76 소화제와 특징

Answer

소화제에는 여러 가지 종류가 있고 각각 특징이 있다. 따라서 화재의 종류나 주위의 상황에 따라 적절한 소화제를 선택할 필요가 있다. 예를 들면, 전기 화재의 경우 물이 포함되는 소화제는 쇼트에 의한 2차 재해가 생기기 때문에 절대 사용해서는 안 된다. 각 소화제의 특징을 이해하고 항상 2종류 이상의 소화제를 준비해 두는 것은 초기 소화를 원활하게 하고 2차 재해도 방지한다. 주요 소화제와 각각의 특징을 다음에 나타낸다.

1. 이산화탄소 소화제

① 실험실에서 유기용제의 인화나 전기 화재의 초기 소화에 효과적이다.

② 가스계이므로 소화 후의 피해도 적다.

③ 바람의 영향을 쉽게 받기 때문에 옥외에는 적합하지 않다.

④ 밀실에서 이용하는 경우 이산화탄소 농도가 급격하게 상승하기 때문에 산소 결핍에 주의한다.

2. 분말 소화제

분말 소화제에는 탄산수소나트륨을 주성분으로 한 것과 인산암모늄을 주성분으로 한 것(ABC 소화제)이 있다.

① 실험실에서 유기용제의 인화나 전기 화재의 초기 소화에 유효하다. ABC 소화제는

모든 화재에 사용 가능하다.

② 소화 능력이 높기 때문에 작은 화재나 큰 화재 모두에 대응할 수 있다.

③ 소화 후 오염은 있지만 청소하면 기재의 손상은 경미하다.

④ 사정 거리, 방사 시간이 다소 짧다.

3. 강화액 소화제

① 주성분은 물이므로 전기 화재에는 적합하지 않지만 유류 화재에는 유효하다.

② 부식성이 강하고 소화 후의 오염이 크기 때문에 기본적으로 작은 화재에는 이용하지 않는다.

화재가 일어나면 당황하기 쉬우므로 소방 훈련을 통해서 소화기의 사용 방법 등을 미리 습득해 둘 필요가 있다. 일반적으로 실험실의 경미한 화재에는 소화 후의 소화제에 의한 오염을 생각해 이산화탄소 소화제 → 분말 소화제 → 강화액 소화제 순서로 사용한다.

그 외의 간이 소화 용구로는 다음의 것이 있다.

• 물통

• 수조

• 건조 모래 : 금속 나트륨 등의 금속 화재 등에 이용된다.

사고 예

금속 리튬을 취급하던 중 수분이 닿아 발화했다. 당황해 물을 끼얹었기 때문에 한층 더 화재가 확대했다.

Question >> **77** 방폭 기기와 특징

● *Answer*

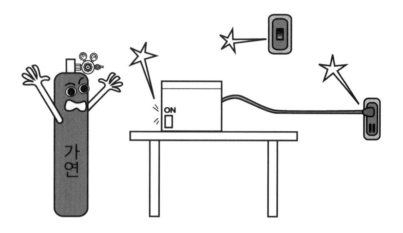

　가연성 가스나 분진, 인화성 액체 등을 취급하는 장소에서는 사소한 전기 불꽃으로도 발화원이 되어 화재나 폭발을 일으킨다. 때문에 가연성 가스 등이 충만·체류할 우려가 있는 장소에 이용하는 전기기기는 방폭 구조의 제품을 이용해야 한다. 방폭 방식의 차이에 따라 내압 방폭기기나 본질 안전 방폭기기 등이 있다.

　가연성 가스 등이 충만할 우려가 있는 장소에서는 설비기기뿐 아니라 운전·보수·정비 등, 현장에서 작업에 이용하는 것은 모두 소정의 절차에 따라 「방폭 검정이나 인증」을 받은 기기가 아니면 안 된다. 또 공사에 대해서도 「공장전기설비방폭지침」 등을 따라야 한다.

1. 주요 방폭 구조

내압 방폭 구조

　기기 내부에서 폭발이 발생하더라도, 그 압력에 견딜 만한 강도를 갖고 있고 간극으로부터 화염 등이 새지 않아 외부로의 유폭을 방지하는 구조의 것

본질 안전 방폭 구조

　전류를 제어해 인화할 정도의 전기 불꽃 자체가 발생하지 않게 한 것

내압 방폭 구조

기기 내부가 불활성 가스로 가압되어 있어 용기 외부의 가연성 가스나 증기로부터 격리하는 구조의 것

유입 방폭 구조

발화원이 되는 부분을 절연유에 담가 가연성 가스나 증기로부터 격리하는 구조의 것

2. 실험실에서의 방폭 기기

일반적인 실험실에서 사용되고 있는 전기기기에는 전기 불꽃을 발생시키는 것이 있다. 가연성 가스 등을 취급하는 실험실에서는 다음의 것을 방폭형으로 할 필요가 있다.

통상 운전 조작 중에 전기 불꽃을 발생한다

개폐기, 제어기, 정류자, 슬리핑 등

과부하 전류가 생기면 전기 불꽃·아크를 발생한다

퓨즈 차단기, 과부하 계전기 등

고장·파손 시에 전기 불꽃을 발생한다

모터 또는 변압기의 코일, 마그넷 코일, 전등 등

평소에도 고온이어서 접하는 가스 등의 발화점에 도달할 우려가 있다

일부의 전등, 저항기 등

사고 예

전기기기의 불꽃에 의한 수소의 발화 위험성을 평가하기 위한 내압 내용기 내부에서 폭발이 일어났는데, 뚜껑이 제대로 고정되어 있지 않았기 때문에 무게가 1톤이나 되는 뚜껑 부분이 날아갔다.

Question >> 78 화재가 일어났을 때의 대응

⬇ Answer

화재가 발생했을 때는 다음의 순서에 따라 대응한다. 불이 나면 당황해서 패닉 상태가 되는 일이 있으므로 정기적으로 훈련을 실시해 둘 필요가 있다.

1. 주위에 알린다
① 화재가 발생한 사실을 알게 되면 "화재다"라고 큰 소리로 주위에 알린다.
② 화재의 규모에 따라서는 감지기가 작동해 화재경보기의 벨이 울린다.

2. 초기 소화를 실시한다
① 가능하면 초기 소화를 실시하기 전에 가스 개폐 장치나 전기 스위치를 끈다.
② 적절한 종류의 소화기를 이용해 초기 소화를 실시한다. 그러나 화재의 크기나 유독 가스, 연기의 발생 상황에 따라서는 신속하게 옥외로 대피한다.
③ 주위의 가연물도 가능하면 옮긴다.
④ 의류에 발화했을 경우 당황하지 말고 손이나 주위에 있는 물품으로 덮거나 사람을 불러 끈다. 바닥에 뒹굴어 끄는 방법도 있다.
⑤ 드래프트 내 화재의 경우 환기를 멈춘다. 그러나 유독가스나 연기의 발생 상황에 따라서는 환기를 계속하는 편이 좋은 경우도 있다.

⑥ 가연성 가스 봄베 화재의 경우 소화하지 않고 주위의 가연물을 빼내고, 봄베에 물을 부어 냉각한다. 가능하면 봄베를 창 근처로 이동시킨다.

⑦ 유독가스가 발생할 우려가 있는 경우 방독 마스크 등의 보호구를 착용하고 바람이 불어오는 쪽부터 소화를 실시한다.

3. 통보·피난한다

① 화재경보기의 버튼을 눌러 소화전 내에 있는 송화기를 이용해 본부에 화재 장소와 상황을 알린다.

② 본부의 담당자는 상황을 판단해 필요에 따라서 대피 명령을 내려 전원 대피한다. 이때, 대피하지 못한 사람이 없는지 확인한다.

③ 야간의 경우에는 주간과 달리 주위에 사람이 없을 가능성이 있기 때문에 큰 소리로 "화재다"라고 주위에 알리면서 신속하게 각 시설의 경비원실 혹은 소방서에 연락한다.

구체적인 피난 방법과 주의사항에 대해서는 Question80, 화재 발생 시의 긴급 조치는 Question79에 설명되어 있다.

사고 예

일본 미야기현 앞바다에서 일어난 지진(1978년 6월 12일)으로 대학의 화학 실험동에서 여러 건의 화재가 발생했지만 옥상에 대량의 소화수가 저장되어 있었기 때문에 화재의 확대를 막을 수가 있었다(⇒용제 화재 시에도 대량의 물을 이용한 소화가 효과 있다).

Question >> 79 폭발이 일어났을 때의 대응

↓ Answer

폭발이 발생하면 연이어 화재가 발생하는 일이 있으므로 화재 발생 시와 같은 대응을 취해야 하지만, 위력이 커 화재 등의 2차 재해를 일으킬 가능성이 높기 때문에 다음의 사항에 주의를 기울일 필요가 있다.

1. 부상자의 확인

폭발의 충격에 의해 부상자가 있을 수 있으므로 부상자가 있는지 확인하고 필요하면 구호 등의 조치를 취한다.

2. 폭발한 장치의 안전 처치

폭발한 장치로부터 가연물의 누설을 막는 등 즉시 위험이 없는 상태로 한다. 위험한 상태에서 대피하기 곤란하고 계속 폭발의 우려가 있는 경우는 신속하게 피난한다.

3. 폭발 발생 장소 부근의 점검

폭풍이나 비산물에 의해 부근의 장치·건물이 위험한 상태에 놓일 가능성이 있기 때문에 가연물을 빼내는 등 2차 재해 방지에 노력한다.

4. 피난

폭발의 재발이나 2차 재해의 우려가 있는 경우는 즉시 대피하고 현장 출입 금지 조치를 실시한다.

5. 화재 시의 조치

폭발에 의해 화재가 생겼을 경우는 Question78에 따라 조치를 실시한다.
폭발 발생 시의 긴급 조치는 다음의 플로차트(flow chart)에 나타낸 바와 같다.

화재·폭발 시 긴급조치 순서

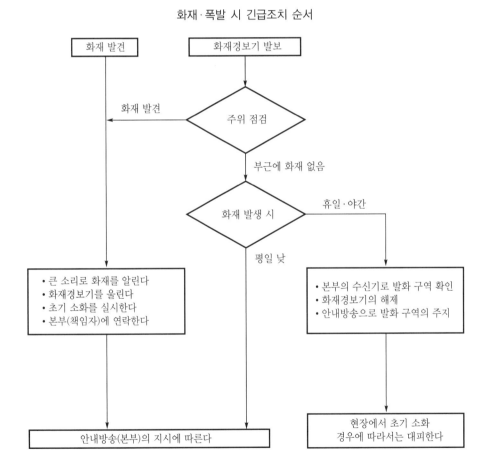

Question ≫ 80 피난 · 긴급 연락 방법

⊙ Answer

　　화재나 그에 따른 유해가스의 발생이 초기 소화 단계에서 어찌할 도리가 없다고 판단했을 때는 신속하게 안전한 장소로 피난해야 한다. 초기 소화로 소화할 수 있는 화재의 한계는 상황에 따라 다르지만 벽 내장재가 불타는 정도가 거의 한계로 천장이 불타기 시작하면 소화는 어렵다.

　　피난 시는 다음에 대해 주의를 기울일 필요가 있다.

① 방에서 피난할 때는 가스원, 전원을 차단하고 위험물을 치우는 한편 미처 피하지 못한 사람이 없는지 확인한다.

② 연기의 움직임을 봐 바람이 불어오는 쪽의 피난로를 선택한다. 건물의 구조, 비상구를 평소에 잘 파악하고 미리 피난 경로를 결정해 둔다.

③ 엘리베이터는 긴급 정지하므로 사용하지 않는다.

④ 연기가 바닥까지 내려오려면 상당한 시간이 걸리기 때문에 손수건 등으로 입을 막고 자세를 낮추어 대피한다.

⑤ 비상계단, 비상사다리 등을 사용할 수 없는 경우는 창쪽 난간을 이용해 피난한다. 다만, 난간이 없는 경우가 있기 때문에 주의한다.

⑥ 복도의 방화문을 닫는 경우는 내부에 사람이 없는지 확인하고 나서 닫는 것이 원칙

이다.

⑦ 부상자가 있는 경우는 응급 처치를 실시한 후, 한시라도 빨리 의사나 병원에 연락한다.

[대피의 성공 예]

① 폐기물 저장조에 아크릴로니트릴 모노머와 과산화물을 혼합 보관했기 때문에 예상외의 중합이 일어나 내용물이 기화 누설되었다. 소방대원이 누설 상황을 조사하던 중 용제 증기의 분출이 격렬해졌기 때문에 주위에 있던 전원에게 피난을 지시한 후 가연성 증기가 급격하게 분출해 발화 노킹했다. 물건 손실은 있었지만 빠른 지시로 전원이 무사히 대피했다

② 미야기현 앞바다 지진(1978년)으로 대학 화학 실험실의 실험대에서 복수의 약품이 낙하해 혼촉 발화했다. 교수는 학생에게 소화하지 말고 그대로 대피하도록 지시했다. 대규모 지진 발생 시에는 큰 여진이 예상되어 우선 피난하는 것이 필요한 만큼 적절한 지시였다.

③ 대학 실험실에서 맹독의 황화수소 봄베가 누설했다. 교수는 학생을 피난시켰지만 자신은 봄베를 안아 이동하려다가 중독사했다. 독성이 높은 물질을 호흡 보호구 등으로 완전 방호하지 않고 처리하는 것은 매우 위험하다.

사고 예

동시 다발 테러로 항공기와 추돌한 뉴욕 월드 트레이드 센터 북동에서는 엘리베이터 샤프트를 통해서 바람을 타고 연기가 퍼졌다. 저층에서는 스프링클러가 작동해 계단이 미끄러웠다(참고 문헌 : 화재(제257호) pp.34~41). 또 남동에서는 소방대원이나 직원의 지시에 따라 사무실에 머문 예가 있는 한편, 피난자 사이에서도 대피하라는 지시에 따르지 않은 사람도 있었다. 재해 시에는 강제력을 지닌 책임자가 적절히 판단해 지시를 내릴 필요가 있다(참고 문헌 : 화재(제 265호) pp.29~33).

일행 일실하면 백행 동시에 기울다

하나의 행동이 잘못되면 다른 아무리 좋은 행동을 해도 모두 의미가 없어지는 것을 말한다.

넘어지기 전 지팡이

실패하지 않게, 미리 준비하고 주의를 소홀히 하지 않는 것이 중요하다.

여름 잔디 또한 제거할 것

사고는 작은 단계에서 막지 않으면 커지고 나서는 어찌할 도리가 없는 것을 말한다.

화학 실험에서는 약품을 취급하기 때문에 화재나 폭발을 일어나는 일이 있다. 예방을 위해 충분히 대책을 강구하는 동시에 만일의 경우에 대비해 소화나 피난을 위한 대책을 강구해 두는 것도 중요하다.

11장 예방과 구급

약품에 의한 건강 장애를 예방하기 위해서는 환경 관리, 작업 관리 및 건강 관리를 적절히 실시하는 것이 중요하다. 이 3가지 항목을 위생 관리 차원에서 종합적으로 관리하고 약품의 취급자 및 실험자의 건강을 보호하는 것이 바람직하다.

화학 실험실의 위생 관리의 일환으로 실험자는 보호구를 착용해 사고 예방에 힘써야 한다. 화학 실험실의 작업 환경과 관련해 보호구의 종류와 수량을 결정하고 평소 정기적으로 점검해야 한다. 보호구는 보호하는 부위에 따라, 또 보호구의 성능에 따라 적절한 것을 이용하여야 한다.

실험 중, 사고가 나면 병원에 연락해 상황을 설명하는 동시에 의사의 지시에 따라 적절한 대응을 취하고, 관계자에게 상황을 보고해야 한다.

실험 중 상처를 입거나 약품에 의한 장애를 입었을 경우에는 상황에 따라 적절한 응급 처치를 강구하지 않으면 안 된다. 약품에 의한 장애의 경우는 약품에 따라 응급 처치 방법이 다르므로 잘 이해하고 대응하는 것이 필요하다.

여기에서는 예방과 보호구 및 구급과 응급 처치에 대해 배운다.

1) 예방과 보호구
① 보호 안경 ② 보호복 ③ 보호 장갑 ④ 방독 마스크

2) 구급과 응급 처치
① 사고 시의 대응 : 병원에 연락 ; 사고 보고
② 부상 등의 일반적 응급 처치 : 외상, 화상, 골절 · 염좌, 감전, 산소 결핍 ; 심폐소생술
③ 약품에 의한 장애의 응급 처치 : 부식성 물질 ; 자극성 가스 · 증기 ; 질식성 가스 ; 마취성 가스 ; 헤모글로빈 기능 장애 물질 ; 신경독 ; 유기산 축적 ; 시토크롬산 산화 효소 저해 물질 ; 경련독 ; SH 효소 저해 물질 ; 석유 제품

약품 장애의 예방 방법

🔽 *Answer*

약품 장애는 흡입 중독, 경피 중독(안액), 경구 중독 3가지로 분류된다. 사전에 사용하는 모든 시약의 MSDS을 확인하여 급성 독성뿐 아니라 변이원성·발암성도 확인한 후 독성의 강도와 허용 농도에 맞는 적정한 보호구를 착용한다.

또 약품 장애가 일어났을 경우에 대비해 응급 처치 방법을 확인해 둔다.

1. 흡입 중독

① 증기나 분진을 들이 마시지 않게 드래프트 내에서 작업하거나 국소 배기 조치를 취한다.

② 독성이 강한 시약의 경우는 적정한 방독 마스크나 방진 마스크를 착용한다.

③ 실험 중 속이 메스꺼워졌을 경우에는 신속하게 실험을 중지하고 신선한 바깥 공기를 들이마실 수 있는 장소로 이동한다.

2. 경피 중독

① 적정한 보호 장갑·보호 안경을 착용한다.

② 긴소매·긴바지의 작업복 혹은 실험용 가운을 착용하는 것이 바람직하다. 팔을 걷어붙이지 않는다.

③ 피부 자극성이나 독성이 강한 물질을 취급하는 경우에는 공동 실험자뿐 아니라 실험실 내의 다른 작업자에게도 정보를 알릴 필요가 있다.

④ 실험 중에 보호 장갑에 약품이 부착할 가능성이 있는 경우에는 2차 재해를 방지하기 위해서 드래프트의 문, 문 손잡이, 서랍 등 공용 부분을 최대한 만지지 않도록 주의하고 신속하게 장갑을 벗어 폐기한다.

⑤ 실험대 위에 약품을 흘렸을 때에는 신속하게 중화 등의 처치를 한 후 걸레로 닦아낸다.

⑥ 튜브나 배관의 접속부를 분리하려면 내용물의 막힘이나 내압 상승 등에 의해 개방 시에 돌발적으로 내용물이 분출할 가능성이 있으므로 분출하는 입구가 자신에게 향하지 않는 위치에서 작업을 실시한다.

⑦ 분체의 용해 모습이나 색을 확인할 때에 시약병이 눈보다 높은 위치에 있으면 눈에 시약이 들어갈 가능성이 있으므로 시약병은 확실히 뚜껑을 닫고 눈보다 낮은 위치에서 취급한다.

⑧ 만일 눈에 들어갔을 경우에는 신속하게 대량의 물로 씻고 의료기관에서 진찰할 것. 일반 수도꼭지로는 눈을 씻는 것이 곤란하기 때문에 실험실에는 가급적이면 세안기를 설치한다.

3. 경구 중독

① 오음·혼입의 가능성이 있으므로 실험실 내에는 결코 음식물을 반입하지 않는다.

② 모르는 사이에 시약이 손에 묻을 수 있으므로 실험 중에는 절대로 손으로 얼굴을 만지지 말고 실험실을 나오면 손을 씻는 습관을 들인다.

③ 만일 시약을 입에 넣은 경우에는 대량의 물을 마시고, 토할 수 있으면 토하는 것이 좋다. 그러나 강산·강알칼리는 오히려 목을 상하게 할 수 있으므로 무리하게 토할 필요는 없다.

사고 예

샘플병 안에서 분체를 에테르 용매에 용해시키다가 녹았는지를 확인하기 위해 형광등에 비추어 샘플병을 흔들었는데 뚜껑이 꽉 닫히지 않아 눈에 에테르가 들어갔다.

보호구와 특징

● *Answer*

방진용?
유기용?

내산?
내열?

　보호구는 어디까지나 재해 방지를 위한 수단이므로 취급 물질 자체나 반응 조건, 설비에 안전 대책을 강구하지 않고 보호구만을 의지해선 안 된다. 또 잘못된 방법으로 사용하여 효과가 없으면 치명적인 피해를 입는 일이 있기 때문에 보호구의 용도와 효과를 이해하고, 또 손상·부식되지 않았는지 정기적으로 점검하는 것이 중요하다. 실험을 할 때 필요한 보호구는 다음의 6가지로 나뉘며 작업하기 편한 것을 선택한다.

1. 안경

　눈을 보호하는 것이 목적이며 일반 안경 타입, 고글, 투시면, 방진 안경, 차광 안경, 레이저용 보호 안경 등 작업 환경에 맞는 적정한 종류를 선택할 필요가 있다. 특히 유리 기구 파열이나 피액 사고는 작업자가 예기치 못한 경우가 많아 보호 안경은 실험실에 입실 시에는 항상 착용하는 것이 바람직하다.

2. 보호 장갑

　작업자의 손을 보호하는 깃이 목적으로 내약품 장갑, 내산 장갑, 내열 장갑, 케블라 장갑, 가죽 장갑 등 작업 내용에 따라 종류가 다양하다. 특히 내약품 장갑은 사용하는 약품에 맞는 적절한 재질을 선택할 필요가 있다. 덧붙여 「노동 안전 위생 규칙」 제111조에 나타내는 회전체(예 : 드릴, 면판 등) 작업에서는 장갑을 착용하지 않는다.

3. 보호모(헬멧)

머리를 보호하는 것이 목적이며 헬멧에는 MP형, 캡형(사방 플랜지형) 등이 있고, 모자와 턱끈을 포함한 착용체로 구성되며 충격 흡수성과 내관통성 등이 있다.

4. 안전화

안전화란 중량물로부터 작업자의 다리를 보호하기 위해 미끄럼 방지 기능을 갖춘 신발을 가리키며, 화학 실험에서는 인체에 대전한 정전기를 방지할 목적으로 대전 방지 성능을 가진 도전성 안전화를 착용한다.

5. 방음 보호구

강력한 음향 등을 발하는 장소에서 작업할 때 반복·장기적인 음향에 의해 청각 장애를 초래할 수 있다. 귀마개와 귀덮개(이어 머프) 2종류가 있고 시판하는 귀마개에는 주파수별 차음 등급, 즉 저음부터 고음까지를 차음하는 1종과 주로 고음을 차음하고 통화 지역 정도의 저음을 통과시키는 2종으로 분류된다.

6. 마스크

마스크에는 방진 마스크 외에 산성·알칼리성·독성·극물 등 유기용제를 취급할 때 사용하는 방독 마스크, 산소 결핍 가능성이 있는 장소에서 사용하는 공기 호흡기로 나뉜다. 화학 실험에서 사용 빈도가 높은 방독 마스크에는 카트리지 타입과 일회용 타입이 있으며 다음의 점에 주의한다.

① 고농도의 가스에는 사용할 수 없기 때문에 마스크의 종류(격리식, 직결식, 직결 소형식)에 따른 농도 범위를 확인한다.
② 흡수 캔의 파과(흡수제가 제독 능력을 없애 유독가스가 그대로 흡수 캔을 통과하는 상태) 시간을 넘어 사용해선 안 된다. 예비 흡수 캔을 항상 준비해 둔다.
③ 사용 중에 조금이라도 가스 냄새가 나거나 가슴이 답답하면 작업을 중단하고 새로운 흡수 캔으로 바꾼다.

사고 예

① 실험 중 유해가스가 발생하여 흡수 캔식 호흡 보호구를 착용했지만 흡착제가 가스에 적합하지 않았기 때문에 중독되었다.
② X선을 이용한 실험에서 보호 안경을 착용하지 않았기 때문에 반사 X선에 의해 눈이 손상되었다.

+ *Answer*

사고 시의 긴급 연락 체제는 실험실 내부나 복도의 보기 쉬운 장소에 게시하고 훈련 시에 내용을 확인해 평소부터 실험자 전원에게 주지시키는 것이 중요하다. 학교나 회사 수위실이나 양호실, 건강관리센터 및 외부 소방기관의 전화번호를 기재하고 연락 절차 를 알기 쉽게 그림으로 표시한다. 특히 야간이나 휴일 등 인원이 적은 경우에도 책임자 에게 신속히 연락을 취할 수 있도록 되어 있는지 확인해 둔다.

또 내부의 긴급 연락망에 기재되어 있는 전화번호(휴대전화도 기재하는 것이 바람직 하다)는 항상 최신 정보인지를 확인해 오래된 경우는 갱신하되, 정기적으로 긴급 연락 훈련을 실시한다.

실제로 사고가 일어났을 경우의 대응에 대해 아래에 나타낸다.

1. 인사사고의 경우

부상자를 재빠르게 사고 현장으로부터 안전한 장소로 이동시킨 후 긴급 연락 체제대 로 연락하고 구급차를 요청한다. 혼자서 실험을 하다가 사고가 난 경우나 부상자를 발견 했을 경우에는 큰 소리로 주변에 알려 사고가 일어난 사실을 전하고 도움을 요청한다.

구급차가 도착할 때까지 부상자에게 말을 걸어 의식을 확인하되 출혈이 있으면 지혈 처치를 하고, 경우에 따라 심폐 소생 등 가능한 응급 처치를 실시한다. 화상이나 약품 장 애가 있는 경우에는 신속하게 긴급 샤워 시설이나 수도꼭지가 있는 장소로 이동해 대량의 물로 세정한다. 또 사고가 확대하지 않게 현장의 조치를 실시한다.

2. 화재 · 폭발 시

우선 화재경보기 버튼을 눌러 긴급 연락 체제에 근거해 소방서에 통보한다. 큰 소리로 주변에 화재 · 폭발 사고가 일어났음을 알리고 대형 화재의 경우는 피난을 독려한다.

화재의 원인 물질이 분명하고 주변에 미치는 위해가 적다고 판단되면 적절한 소화기로 소화를 실시한다. 다만 소화 활동보다 인명 구조를 우선해 연기를 들이 마시지 않게 건물 바깥으로 피난한다.

3. 사전 준비

부상자가 나왔을 때를 예상해 평소부터 다음의 준비를 하고 정기적으로 검사를 한다.
① 구급 상자
② AED(Automated External Defibrilator ; 자동제세동기)
③ 긴급 샤워, 눈세척기
④ 소화기

실험 전에 취급하는 약품이 인화성 · 자연 발화성 물질로 화재의 위험성이 높은 경우는 MSDS 등을 참고해 적절한 소화기를 준비해 둔다. 금속 나트륨이나 알킬알루미늄 등으로 대표되는 물과 격렬하게 반응하는 물질의 소화에는 질식 소화가 유효하므로 마른 모래나 버미큘라이트를 준비해 둔다. 소화기로 불길을 못 잡을 가능성이 있는 실험설비의 경우에도 마른 모래를 준비해 둔다.

고액의 정밀 기계 등이 놓여 있는 실험실에서는 실제 화재 시에 일반 ABC 소화기의 사용을 주저하는 경우가 많기 때문에 기기가 오염되지 않는 이산화탄소 소화기 등을 준비해 두면 좋다.

소화기의 고정 설치 장소를 정하고 대장을 준비해 평소부터 개수와 사용 기한을 관리한다. 또 소화기 설치 장소 주변에는 긴급 시에 방해가 되는 짐 등을 두지 않는다. 화재 · 폭발 시의 피난 훈련은 1년에 한 번은 반드시 실시해 피난 경로를 주지시킨다.

Question >> 84 상처를 입었을 때의 응급 처치

⬇ Answer

 실험 중에 예상되는 부상에는 화상, 창상(칼날, 유리조각), 염좌·타박·골절, 피액(눈, 피부), 흡입·오음을 들 수 있다. 부상자가 나왔을 때에 신속한 응급 처치가 가능하도록 평소부터 구급상자의 내용물을 확인해 두고 수건, 속옷, 모포 등을 준비해 두면 좋다. 또 들것이나 긴급 샤워 시설의 위치를 확인해 만일의 경우에 사용할 수 있는 상태인지 정기적으로 점검해 둔다. 각각 다음의 응급 처치가 필요하다.

1. 화상

① 곧바로 수돗물로 15분 이상 차게 한다.

② 용이하게 벗겨지는 옷은 벗기지만 피해 범위가 넓은 화상의 경우는 무리하게 벗기지 않는다.

③ 수 시간 후에 수포가 생기는 경우가 있기 때문에 중증 화상일 때는 의료기관의 진료를 받는다.

2. 창상(칼날, 유리조각, 끼임)

① 상처 부위를 이물이 남지 않게 수돗물로 씻어낸다.

② 작은 상처는 시중에 파는 반창고를 붙여도 되지만 상처가 깊은 경우는 피하의 힘줄이나 혈관, 신경에 손상을 주는 경우가 있으므로 의료기관에서 진찰을 받는다.

③ 출혈이 심한 경우는 지혈을 하고 환부를 직접 압박하는 방법이나 환부가 심한 손상

을 받은 경우는 지혈대를 이용해 동맥을 압박한다.

④ 출혈성 쇼크(의식, 호흡의 이상)가 보이는 경우는 신속하게 구급차를 부른다.

3. 염좌 · 타박 · 골절

① RICE 처치를 실시한다.

R(Rest) : 안정을 취하고, I(Ice) : 냉각하고, C(Compression) : 압박 · 고정하고,
E(Elevation) : 거상한다.

② 골절 가능성이 있는 경우에는 무리하게 움직이지 말고 의료기관에서 진찰을 받는다.

4. 피액(눈, 피부)

① 신속하게 수돗물로 약품을 15분 이상 씻어 흘린다(눈은 30분 이상).

② 눈에 들어갔을 때는 눈꺼풀도 충분히 세정하고, 통증으로 눈을 뜰 수 없으면 손으로 눈꺼풀을 밀어 올려 씻는다.

③ 콘택트렌즈는 무리하게 제거하지 말고 씻을 때는 손으로 눈을 비비지 않는다.

④ 약품이 묻은 의류나 신발은 곧바로 벗고, 벗기 힘든 의류는 가위로 잘라낸다.

5. 흡입 · 오음

① 많은 양의 물을 마신다.

② 토할 수 있는 상태이면 토하는 것이 좋지만 의식 장애가 있는 경우나, 산이나 알칼리 흡입 시는 식도를 손상시킬 가능성이 있으므로 무리하게 토할 필요는 없다.

③ 유기용제나 가스 흡입 시는 즉시 바람이 잘 통하는 장소로 옮겨 안정시키고 보온한다.

④ 의사에게 흡입 · 오음한 물질을 알리고 진찰을 받는다.

사고 예

① 대학 실험실에서 폴리 아크릴아미드 수지를 냉동 파쇄하던 중 수지가 눈에 들어갔다. 보호 안경을 착용하지 않아 일어난 사고로, 수지가 친수성이기 때문에 쉽게 제거하지 못해 대학병원에서 수세한 후 정밀 검사를 받았다. 사후 처치가 적절했던 덕분에 후유증은 생기지 않았다

② 엑제 질소로 트랩힌 액제 암모니아를 취급하던 즁 용기기 피손되이 실험지의 눈에 들어갔다. 실험자는 눈을 5분간 세정한 후 안과에서 재세정과 정밀 검사를 받았다. 액체 암모니아에 의한 각막 부식이라고 진단되었지만 조치가 빨랐기 때문에 이후 치유되었다.

🔽 *Answer*

약품 장애는 흡입 중독, 경피 중독(눈의 피액), 경구 중독 3가지로 분류된다.

실험 중에는 자각 증상이 없어도 디메틸 황산과 같이 반나절 이상 경과하고 나서 두통이나 발열을 일으키는 경우가 있다. 사용하고 있는 약품의 성질이나 독성을 충분히 파악하고 응급 처치 방법에 대해 사전에 MSDS 등으로 확인해 둔다.

1. 흡입 중독

① 실험 중에 속이 메스꺼우면 신속하게 작업을 중지하고 주위 사람에게 알려 의료기관의 진찰을 받는다.

② 넘어져 있는 사람을 발견했을 때, 특히 독성가스 누설이나 산소 결핍 가능성이 있다면 방독 마스크나 공기 호흡기를 착용하고 구조한다.

③ 중독자를 신선한 공기가 있는 장소로 이동시켜 토사물이 기관을 막지 않게 옆으로 눕히고 구급차가 도착할 때까지 기다린다.

④ 시안화수소 등의 독성이 강한 물질을 흡인했을 경우는 2차 재해의 가능성이 있기 때문에 인공호흡은 실시하지 않는다.

2. 경피 중독

① 약품과 접촉했을 경우는 곧바로 긴급용 샤워나 싱크대에서 대량의 물로 15분 이상 씻어 흘린다.

② 의복 위에 액이 닿았을 경우는 원칙적으로 의복을 벗고 씻지만 광범위하게 화상을 입었다면 무리하게 벗기지 않는다.

③ 불화수소를 사용하는 경우는 사전에 불화수소산 제올라이트를 준비해 둔다.

④ 약품이 눈에 들어갔을 경우는 손으로 눈꺼풀을 들어 30분 이상 물로 씻어낸다.

⑤ 긴급용 샤워나 눈세척용 수도꼭지는 막혀 있지 않는지, 녹슨 물이 나오지 않는지, 정기적으로 물을 틀어 확인해 둔다.

3. 경구 중독

① 약품이 입에 들어갔을 때는 대량의 물을 마셔 희석시켜 식도에 부착한 약품을 씻어낸다.

② 강산·강알칼리의 경우는 무리하게 토하면 오히려 식도를 손상시킬 가능성이 있으므로 토하지 않는 것이 좋을 때도 있다.

사고 예

① 반응 실험 중에 용제가 눈에 들어가서 곧바로 세정하고 다음날 의사의 진단을 받았지만 세정이 불충분했기 때문에 치유까지 장기간이 걸렸다.

② 실험 중에 수산화나트륨 수용액 물보라가 안면에 닿아 곧바로 세정을 했지만 콘택트렌즈를 끼고 있었기 때문에 눈의 세정이 불충분해 시력이 크게 저하했다.

Question >> 86 심폐소생술

🔽 *Answer*

응급 처치 방법은 다음과 같다.

의식이 없을 때	→	기도 확보
호흡을 하고 있지 않을 때	→	숨 불어넣기 & 인공호흡
심장이 멈추었을 때	→	심폐소생(AED 사용)
목에 물건이 걸렸을 때	→	이물질 제거
출혈이 심할 때	→	지혈

심폐소생은 다음의 절차에 따라 실시한다.

1. 의식이 있는지 확인한다

넘어져 있는 사람을 발견하면 어깨를 가볍게 치면서 귓전에 대고 크게 말을 걸어 의식의 유무를 확인한다. 머리나 목에 손상을 입었을 가능성이 있으므로 몸을 세차게 흔들어서는 안 된다.

2. 도움을 청한다

의식이 없는 경우는 큰 소리로 동료를 불러 구급차를 부르게 하고 자동제세동기(AED)를 준비한다. 만약 자신 이외에 아무도 없으면 가장 먼저 구급차를 요청한다.

3. 기도 확보

한손을 이마에 대고 다른 한손의 집게손가락과 중지손가락으로 턱끝(턱부)을 쳐들어 기도를 확보한다.

4. 호흡을 확인한다

기도를 확보한 상태로 자신의 뺨을 부상자의 입과 코에 갖다 대고 호흡 소리와 한숨을 감지하고, 또 가슴 복부의 상하 움직임을 10초가량 관찰한다.

5. 인공호흡

호흡이 없으면 기도를 확보한 상태로 이마에 댄 손의 엄지와 집게손가락으로 부상자의 코를 잡는다. 자신의 입을 크게 벌리고 부상자의 입을 가린 상태로 공기가 새지 않게 해 숨을 천천히 2회 불어넣어 가슴 복부가 부풀어 오르는지 확인한다. 시안화수소 등의 독성가스 중독 가능성이 있는 경우는 2차 피해를 입을 수 있기 때문에 인공호흡은 하지 않는다.

6. 순환 사인을 확인한다

부상자의 호흡 유무, 기침을 하고 있지 않은지, 몸이 움직이고 있지 않은지 등 어떤 형태로든 '순환 사인'을 10초가량 확인한다.

7. 심장 마사지와 인공호흡 실시(반복)

인공호흡을 해도 순환 사인이 없는 경우는 즉시 심장 마사지를 실시한다. 명치 위의 늑골 정점에 손가락을 두고 그 손가락과 나란히 상부 측에 다른 한손의 손목을 둔다. 양손을 모아 양팔꿈치를 펴고 체중을 실어 3.5~5.0cm(성인의 경우) 가라앉을 정도로 압박한다. 심장 마사지를 30회, 인공호흡을 2회 실시한다. AED가 준비되는 대로 AED를 시작하고 AED가 없는 경우는 구급차가 도착할 때까지 심장 마사지와 인공호흡을 반복한다.

엎지른 물은 다시 주워 담지 못한다

바닥에 엎지른 물은 다시 그릇에 담을 수 없듯이, 한 번 일어난 일은 돌이킬 수 없음을 말한다.

곡돌사신(曲突徙薪)

부뚜막의 굴뚝을 꼬불꼬불하게 만들고 아궁이 근처의 장작을 다른 자리로 옮겨 조심하는 것. 즉 화를 미연에 막는 것을 비유한다.

화학 실험에서는 약품을 취급하므로 약품의 흡입이나 접촉에 의한 피해를 입을 수 있다. 예방과 구급을 위한 대책을 강구해 두는 것이 중요하다.

12장 지진 대책과 경계 선언

    지진이 일어나면 지진동에 의한 약품 선반의 전도, 약품 선반으로부터 약품 용기의 전락, 약품 용기끼리의 추돌에 의해 약품 용기가 파손되어 약품이 누설하는 일이 있다.

    자기 반응성 물질은 낙하 충격으로 발화·폭발을 일으키고 자연 발화성 물질은 누설해 공기와 접촉하면 발화한다. 또 금수성 물질은 누설해 물과 접촉하면 발화한다. 혼촉 위험 물질은 누설된 약품이 섞이면 조합 종류에 따라서는 발화나 폭발을 일으킨다. 인화성 물질은 누설된 약품의 증기가 공기와 혼합하면 폭발성 혼합 기체를 만들고, 주위에 화원이 있으면 폭발할 우려가 있다. 또 한번 발화나 폭발이 일어나면 많은 경우 주위에 인화성 물질이나 가연성 물질이 존재하기 때문에 화재로 확대한다. 따라서 지진에 의한 발화를 방지하기 위해서는 약품의 누설을 방지하는 동시에, 만일 누설됐을 경우 약품의 혼촉 발화를 방지하기 위한 약품의 적정 배치를 고려해야 한다. 또 자기 반응성 물질의 충격 방지 대책도 강구해야 한다.

    한편, 경계 선언 발령 시에는 판정회 소집의 공표 시 및 경계 선언 발령 시의 기본적 조치를 평소 숙지해 두고 거기에 따라서 적절한 대응을 취하는 것이 중요하다.

    여기에서는 지진에 의한 약품의 발화 방지 및 경계 선언 발령 시의 대응에 대해 알아본다.

  1) 지진에 의한 약품의 발화 방지

  ① 약품의 누설 방지 : 약품 선반의 전도 방지,
     약품 용기의 낙하 방지, 약품 용기의 충돌 방지

  ② 약품의 적정 보관

  2) 경계 선언 발령 시의 대응

Question >> **87** 지진 시의 약품에 의한 발화

⬇ *Answer*

지진 피해는 지진동에 의한 가옥이나 시설의 붕괴보다 지진 시에 발생하는 화재에 의한 피해 정도가 크다. 게다가 지진 발생 시에 약품이 누설하고, 이것이 원인이 되어 발화한 화재가 다수 보고되고 있다. 언제 발생할지 모르는 지진에 대비하여 평소부터 방지 대책을 강구하는 것이 중요하고 약품의 발화에 관한 지식을 대책에 유용하게 활용하는 것이 중요하다. 다음 페이지의 표는 일본 관동 대지진 시 약품에 의한 출화 원인을 조사한 결과이다. 주요 출화 원인을 다음에 나타낸다.

1. 인화성 물질의 인화

가솔린, 에테르, 알코올 등의 인화성 물질이 지진으로 전도, 파손한 용기로부터 누설해 휘발한 가연성 증기가 나화나 전기 불꽃 등의 화원에 의해 인화한 것이다.

2. 자연 발화성 물질의 발화

황린 등과 같이 공기의 접촉에 의해 발화하는 자연 발화성 물질이 용기의 파손에 의해 발화한 것이다. 보통은 공기와 접촉하지 않게 엄중하게 보관하지만 중량물 등의 전락에 의해 용기가 파손되어 공기와 접촉하는 경우가 있다.

3. 불안정 물질의 발화

온도가 크게 높지 않아도 발화하는 니트로 화합물, 유기 과산화물, 아조 화합물 등은 일반적으로 불안정 물질로 불리지만 부근의 화재나 주변의 온도 상승에 의해 발화한 것

이다.

4. 금수성 물질의 발화

나트륨이나 칼륨과 같이 금수성 물질이 용기로부터 누설되어 주변의 물과 접촉해 발화한 것이다.

5. 화학물질의 혼촉 발화

산과 알칼리와 아염소산 나트륨과 진한 황산, 나아가 에틸렌글리콜 등과 같이 각각 따로 따로 저장되어 있던 것이 용기의 낙하나 옆으로 쓰러져서 혼촉해 발화한 것이다.

관동 대지진 시의 약품 출화 분류

출화 원인	건수
황린	12
황린 또는 금속	3
생석회	1
수소의 인화	1
산화물, 강산 및 휘발성 물질	10
진한 질산과 목편	2
강산, 알칼리 및 지방유	1
강산과 휘발성 물질	3
금속나트륨과 물	7
과산화나트륨과 유기물	1
휘발성 물질의 인화	14
셀룰로이드의 발화	1
산화제, 강산 및 유기물	1
강산, 알칼리 및 휘발성 물질	4
강산, 알칼리 및 상판	1
발연 황산과 상판	1
원인 불명(다만 약품에 의한 것은 명백)	6

토쿄 소방청 편, 요시다 타다오, 타무라 마사미츠 감수.
「화학 약품의 혼촉 위험 핸드북(제2판)」, 일간공업신문사(1997).

사고 예

① 대학 화학 실험실에 혼재되어 있던 디클로로메탄, 실리카겔, 금속나트륨 등의 시약병이 지진에 의해 낙하해 혼촉 발화했다. 특히 누설된 인화성 용제에 인화했다(미야기현 앞바다 지진, 1978년).

② 대학 실험실에서 맨틀 히터로 인화성 용제를 가열하던 중 지진으로 히터가 전도, 마루에 낙하해 인화했다(미야기현 앞바다 지진, 1978년).

③ 연구소 화학 실험실의 실험대로부터 진한 황산 유리병이 전락해 옷과 진한 황산이 혼촉 발화, 흘러넘친 용제에 인화했다(미야기현 앞바다 지진, 1978년).

⬇ *Answer*

　지진의 흔들림으로 인한 약품 선반의 전도, 격렬한 진동으로 인한 수납 약품 용기의
전락이나 약품 용기의 충돌로 약품 용기가 파손되어 약품이 누설되는 것을 알 수 있다.
약품 발화 방지를 위해서 화학물질의 성질을 충분히 파악하고 그에 대응한 안전 관리를
실시하는 것이 중요하다.

1. 약품 발화 방지에 관한 일반적인 대책
약품에 의한 발화를 막기 위해 다음과 같은 대책을 세우면 좋다.
① 약품 찬장의 전도 방지 대책
② 수납된 약품 용기의 전락 방지 대책
③ 약품 용기의 충돌 방지 대책
④ 약품이 누설했을 경우에 대비해 약품 발화가 일어나지 않도록 약품을 배치하는 등
　의 적정한 약품 배치

2. 약품의 위험성에 따른 개별 발화 방지 대책
인화성 물질
　① 1리터 이상의 인화성 물질은 가능한 한 금속 용기에 보관한다.

② 주위에 발화원이 될 수 있는 것을 두지 않는다.

③ 보관 장소의 환기에 신경 쓰고 가연성 혼합 기체의 생성에 주의한다.

자연 발화성 물질

① 엄중하게 보관하고 밀폐한 것이 쉽게 열리지 않게 충분히 관리한다.

② 인화성 물질이 화원이 될 수 있으므로 해당 물질과는 떨어진 장소에 보관한다.

금수성 물질

① 수도 등 주변에 물이 있는 장소에 금수성 물질을 보관하지 않는다.

② 소화용 마른 모래를 준비해 두면 좋다.

3. 혼촉 발화 등 복합적인 요인에 의한 기타 발화 방지 대책

혼촉 발화는 누설 방지와 함께, 만일 누설했을 경우에 혼촉 위험성이 있는 것끼리 접촉하지 않도록 보관하는 등 적정 배치가 중요하다. 혼촉 발화로 인한 위험성은 크게 다음과 같이 분류할 수 있다.

불이 붙을 때 격렬하게 타는 약품

같은 인화성 액체라도 연소 방법은 달라, 일반적으로 인화점이 낮은 것은 격렬하게 연소한다. 또 경금속의 분말은 격렬하게 불탄다.

온도가 상승하면 발화하는 것

니트로 화합물 등의 불안정 물질이나 산화제와 가연물의 혼촉물 등은 화재가 발생해 주위 온도가 상승하거나 기타 이유로 온도가 상승하면 쉽게 발화한다.

혼촉에 의해 온도가 상승하는 것

산과 알칼리, 산 또는 알칼리와 물, 산이나 알칼리 무수물과 물, 금속가루와 물 등 혼촉에 의해 온도가 상승하는 약품의 조합이 있다.

타격이나 마찰로 발화·폭발하는 것

타격이나 마찰로 약품이 발화하거나 폭발하는 물질이 있다. 단독으로 그러한 성질을 가진 것을 취급하는 경우는 드물지만 염소산칼륨과 적린 가루가 혼촉하면 이러한 성질을 드러내는 경우가 있다. 또 마그네슘이나 알루미늄을 주성분으로 하는 재료는 충격에 의해 불꽃이 발생하고, 이 불꽃에 의해 인화성 물질이나 가연성 혼합 기체가 화재나 폭발에 이르는 경우도 있다.

Question >> 89 약품의 누설 방지 방법

● Answer

약품의 누설을 방지하기 위해서는 약품 용기의 파손을 방지할 필요가 있다. 또 약품 용기가 파손되는 것을 막기 위해 약품 찬장을 제대로 고정시켜 전도를 방지하는 것이 중요하다.

1. 약품 용기의 파손 방지 대책

약품병의 보호

병이 충돌·전도·낙하하지 않게 방지하거나 견고한 용기를 이용한다. 또는 병에 파손 방지 그물을 씌우거나 테이프를 감는 방법도 있다.

약품의 충돌·전도 방지

병을 고정 기구 등으로 고정하거나 칸막이 안에 병을 수납하는 방법이 있다.

약품의 낙하 방지

선반 모서리에 테두리를 두르는 방법 등이 있다.

그 외에 위의 모든 기능을 겸비한 약품 보관고(선반)를 이용한다.

2. 수납 약품 용기의 전락 방지 대책

① 잠금 장치가 달린 서랍을 이용한다.

② 여닫이문 찬장의 물림쇠나 빗장을 이용한다.

③ 이중 슬라이딩 문의 경우는 아래 틀을 깊게 하거나 문의 재질을 쉽게 파손되지 않는 불연성의 것을 이용한다.

3. 약품 선반의 전도 방지 대책

약품 선반을 고정하는 방법에 따라 약품 선반 내부 약품의 전도·전락이나 낙하에 영향을 준다.

선반이 확실히 고정되어 있지 않으면 선반의 상단으로부터 약품이 낙하할 위험이 높으므로 제대로 고정한다.

① 찬장은 1개만으로는 불안정하므로 여러 개를 배치해 상하좌우로 연결한다.

② 벽에 고정할 때는 벽의 내구력 및 앵커 볼트 등의 허용 인장력 강도를 고려한다.

(a) 시약병 전도 방지 기구(1)

(b) 시약병 전도 방지 기구(2)

(c) 서랍식 약품 선반

Question >> 90 약품의 적정 보관

Answer

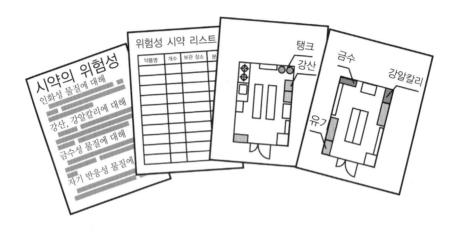

약품의 적정 보관이란 지진 시 약품에 의한 화재 발생을 방지하는 등 약품을 적정하게 보관 관리하여 약품이 누설했을 때 재해 발생의 위험을 최소화하는 것이다. 또 적정한 관리를 통해 약품의 부정 반출 여부를 파악할 수가 있다.

학교·병원·연구소 등에서는 많은 종류의 화학약품을 취급, 보관할 필요가 있기 때문에 우선은 실태를 조사해 위험성을 평가하는 것이 중요하다.

1. 보관 약품의 실태 조사

약품의 적정한 보관 배치를 위해 약품 보관 배치 실태를 조사하고 지진 등 재해 시의 혼촉 위험 등 약품의 발화 위험성을 평가한다. 조사 시에 유의해야 할 사항을 다음에 나타낸다.

① 선반·찬장·실험대 등 약품이 놓인 장소의 배치도를 만든다.

② 각 방 선반 내의 약품 이름, 용기의 재질이나 용량을 조사한다.

③ 약품이 어떤 위험성이 있는지를 정리한다.

④ 이상의 정보를 기본으로 조사서를 작성해 약품의 위험성과 배치를 결정한다.

⑤ 조사표를 기본으로 약품 발화의 위험성을 평가해 어떻게 약품을 관리할지 검토한다.

2. 약품의 적정 보관

보관 약품의 실태 조사 결과를 토대로 화학물질의 성질에 맞게 안전하게 관리하여 재해 발생 위험을 가능한 한 작게 하기 위해서 다음에 유의한다.

① 약품의 중복 구입이나 필요량 이상의 약품 구입 등을 피해 약품의 보관량을 최소화한다.

② 불필요한 약품이나 사용 빈도가 적은 약품은 적정하게 처분하여 가능한 한 보관하지 않도록 한다.

③ 특히 발화·폭발성, 인화성 등의 성질이 있는 것은 위험성이 높기 때문에 특히 보관량을 최소화한다.

④ 혼촉 위험이 있는 약품끼리는 서로 최대한 떨어진 다른 선반에 보관하여, 만일 누설했을 경우에도 혼촉하지 않게 보관한다.

⑤ 혼촉 위험이 있는 약품끼리 동일한 선반에서 보관해야 하는 경우는 다른 층에 보관해야 한다.

⑥ 강산과 강알칼리는 원칙적으로 같은 방에 보관하지 않는다.

⑦ 자기 반응성 물질과 그 분해 촉매나 개시제가 되는 물질은 원칙적으로 같은 방에 보관하지 않는다.

⑧ 인화성 물질의 경우에는 주위에 발화원이 될 수 있는 전기기기나 난방기구, 점화장치 등을 두지 않는다.

⑨ 금수성 물질의 경우에는 건물 안에서 물을 사용하는 부근에 보관하지 않는다.

⑩ 특히 위험성이 높은 물질은 찬장의 하단 등에 수납한다.

⑪ 위험성이 높은 물질은 소량 용기의 것을 이용한다.

⑫ 취급 후에는 실험대에 방치하지 않고 그때그때 수납한다.

⑬ 현재 어떠한 약품이 보관되어 있을지를 파악할 수 있도록 파일이나 데이터베이스 등에 모아 둔다. 데이터베이스 등에는 약품의 정보, 보관 장소, 보관자(책임자), 약품의 양 등을 기록해 둔다.

경계 선언과
발령 시의 대응

⬇ *Answer*

　경계 선언이란 일본의 대규모 지진 대책 특별 조치법에 근거해 취하는 지진 예보로, 이상이 확인되었을 경우에 피해를 최소한으로 억제하기 위해서 발령되는 선언이다. 현 시점에서는 대상이 스루가만(시즈오카현)을 진원 지역으로 하는 도카이 지진에 한정되어 있다.

　기상청의 관측에 의해 이상이 발견되었을 경우 예지 판정회를 소집하여 지진 발생 가능성을 판정한다. 지진 발생 가능성이 크다고 판단되면 기상청 장관을 통해서 내각 총리대신에게 보고되고 총리대신명으로 경계 선언이 발령된다.

1. 경계 선언의 발령
① 지진 관측 데이터의 이상 징후를 기초로 내각 총리대신이 발령한다.
② 라디오 · 텔레비전, 경찰차나 소방차의 사이렌에 의해 전달된다.
③ 방재에 대비하라고 국민에게 알리는 동시에 교통 규제 위주의 각종 규제가 시행된다.
④ 지진 방재 대책 강화 지역에서는 법적인 경계 태세가 취해진다.
⑤ 인근 지역(토쿄도 능)에서도 대응 조치가 정해져 있다.

2. 경계 선언 발령 시의 대응

경계 선언이 발령되면 우선 정보를 확인하여 대규모 지진의 발생에 대비해 미리 설정된 대응 조치 계획에 따라 행동한다. 구체적인 대응 조치 예로는 다음의 사항을 들 수 있다.

① 재해대책본부 설치
② 업무 중지
③ 약품, 장치 등의 안전 조치
④ 화기 취급에 주의
⑤ 전화, 엘리베이터 사용 자제
⑥ 출입 제한 구역 설정
⑦ 낙하 전도물의 응급 안전 조치
⑧ 직원 귀가

3. 경계 선언 발령 시의 교통 규제

다음의 방향으로 향하는 차량은 규제 대상이 된다.
① 환상 7호선 안쪽 도로에서 도심 방향으로 향하는 차량
② 가나가와현, 야마나시현 방향을 향하는 차량
③ 사이타마현, 치바현 경계에서 도내로 유입하는 차량
　다음의 14개 노선에 대해서는 긴급 통행 차량 이외의 통행은 제한된다.
④ 제1케이힌국도, 제2케이힌국도, 나카하라가도, 메구로거리, 고슈가도, 가와고에가도, 다카시마거리, 나카센도, 기타모토거리, 닛코가도, 미토가도, 구라마에바시거리, 게이요도로, 도쿄순환선(국도 16호선)

4. 도카이 지진이 발생했을 경우에 미치는 영향

① 도카이 지진이 발생했을 경우 도쿄에서는 진도 5약에서 5강의 흔들림이 예상된다.
② 도쿄는 도카이 지진이 발생하면 니지마무라, 고즈시마무라, 미야케무라에 큰 해일 피해가 예상되므로 법률에 의해 지진 방재 대책 강화 지역으로 지정되어 있다.
③ 도쿄도 외에는 가나가와현, 야마나시현, 나가노현, 기후현, 시즈오카현, 아이치현, 미에현의 263개 시정촌이 지진 방재 대책 강화 지역으로 지정되어 있다.

편안할 때 위기를 잊지 않는다

세상이 잘 다스려지고 있을 때에도 위험에 대비하여 방심하지 않는 것을 말한다.

사람의 도리를 다하고 천명을 기다린다.

사람이 최선을 다한 다음 조용하게 천명에 맡기는 것을 말한다. 즉, 후회없이 노력하는 것을 말한다.

지진 시에는 약품 출화의 우려가 있으므로 평소부터 충분히 지진 대책을 강구해 두는 것이 중요하다. 또는 경계 선언이 발령되는 경우의 행동 계획을 세워 철저히 주지하는 것도 중요하다.

┃ 참고문헌 ┃

1. 〈화학 실현을 위한 안전 지침 제4판〉 일본화학회 편, A5판, 216 P, 마루젠(1999).

2. 〈안전 위생 교육 관리를 위한 화학 안전 노트 개정판〉, 일본화학회 편, B5판, 144 P, 마루젠(2007).

3. 〈안전 매뉴얼〉 도쿄대학광학부 · 공학계연구과 편(2003).

4. 〈화학 안전 핸드북〉 다무라 마사미츠 감역, 5판, 690 P, 마루젠(2003).

5. 〈위기물 사전〉 다무라 마사미츠 총편집, A5판, 512 P, 아사쿠라서점(2004).

6. 〈제5판 실험 화학 강좌 30화학물질의 안전 관리〉, 일본화학회 편, A5판, 438 P, 마루젠(2006).

7. 〈위험물의 안전〉 하세가와 카즈토시 저, A5판, 216 P, 마루젠(2004).

8. 〈안전 백과사전〉 다무라 마사미츠 편, 5판, 886 P, 마루젠(2002).

9. 〈위험물 해저드 데이터 북〉 다무라 마사미츠 편, B5판, 512 P, 아사쿠라서점(2007).

10. 〈콤팩트판 화학물질 안전성 데이터북 개정증보판〉 우에하라 요이치 감수, A5판, 1270 P, 옴사(1999)

11. 〈화학 실험 세이프티 가이드〉 일본화학회 편, A5판, 180 P, 화학동인(2006).

12. 〈학생을 위한 화학 실험 안전 가이드〉 소라이 미치오 외 저, A5판, 162 P, 동경화학동인(2006).

13. 〈화재 편람 제3판〉 일본화재학회 편, A5판, 1704 P, 교리츠출판(1997).

14. 〈화재 · 폭발성 위험성 측정법〉 히키타 츠토무 감수, A5판, 265 P, 일간공업신문사(1977).

15. 〈화학 안전 공학〉 기타가와 테츠조, A5판, 220 P, 일간공업신문사(1978).

16. 〈신 안전 공학 편람〉 안전공학학회 편, B5판, 1042 P, 코로나사(1999).

| 찾아보기 |

질의 응답과 사례로 배우는

화학 실험실의 안전

2019. 9. 5. 초 판 1쇄 인쇄
2019. 9. 16. 초 판 1쇄 발행

지은이 | 다무라 마사미쓰, 와카쿠라 마사히데, 구마사키 미에코
옮긴이 | 오승호
펴낸이 | 이종춘
펴낸곳 | **BM** (주)도서출판 **성안당**

주소 | 04032 서울시 마포구 양화로 127 첨단빌딩 3층(출판기획 R&D 센터)
10881 경기도 파주시 문발로 112 출판문화정보산업단지(제작 및 물류)

전화 | 02) 3142-0036
031) 950-6300

팩스 | 031) 955-0510
등록 | 1973. 2. 1. 제406-2005-000046호
출판사 홈페이지 | **www.cyber.co.kr**
ISBN | 978-89-315-8808-8 (13430)
정가 | 25,000원

이 책을 만든 사람들

책임 | 최옥현
진행 | 김혜숙
본문 디자인 | 김인환
표지 디자인 | 박원석

홍보 | 김계향
국제부 | 이선민, 조혜란, 김혜숙
마케팅 | 구본철, 차정욱, 나진호, 이동후, 강호묵
제작 | 김유석

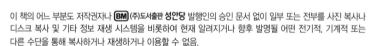

■ 도서 A/S 안내

성안당에서 발행하는 모든 도서는 저자와 출판사, 그리고 독자가 함께 만들어 나갑니다.
좋은 책을 펴내기 위해 많은 노력을 기울이고 있습니다. 혹시라도 내용상의 오류나 오탈자 등이
발견되면 **"좋은 책은 나라의 보배"**로서 우리 모두가 함께 만들어 간다는 마음으로 연락주시기
바랍니다. 수정 보완하여 더 나은 책이 되도록 최선을 다하겠습니다.
성안당은 늘 독자 여러분들의 소중한 의견을 기다리고 있습니다. 좋은 의견을 보내주시는 분께는
성안당 쇼핑몰의 포인트(3,000포인트)를 적립해 드립니다.

잘못 만들어진 책이나 부록 등이 파손된 경우에는 교환해 드립니다.